이상명의

치유농업 - Cafe

이상명의 치유농업-Cafe

초판 1쇄 발행 2023년 3월 26일

지은이 이상명
펴낸이 장길수
펴낸곳 지식과감성#
출판등록 제2012-000081호

교정 김지원
디자인 정슬기
편집 정슬기
검수 김서아, 정윤솔
마케팅 정연우

주소 서울시 금천구 벚꽃로298 대륭포스트타워6차 1212호
전화 070-4651-3730~4
팩스 070-4325-7006
이메일 ksbookup@naver.com
홈페이지 www.knsbookup.com

ISBN 979-11-392-1005-7(03520)
값 18,000원

- 이 책의 판권은 지은이에게 있습니다.
- 이 책 내용의 전부 또는 일부를 재사용하려면 반드시 지은이의 서면 동의를 받아야 합니다.
- 잘못된 책은 구입하신 곳에서 바꾸어 드립니다.

지식과감성#
홈페이지 바로가기

이상명의

치유농업 - Cafe

텃밭의 반란, 마음의 혁명 그리고 詩

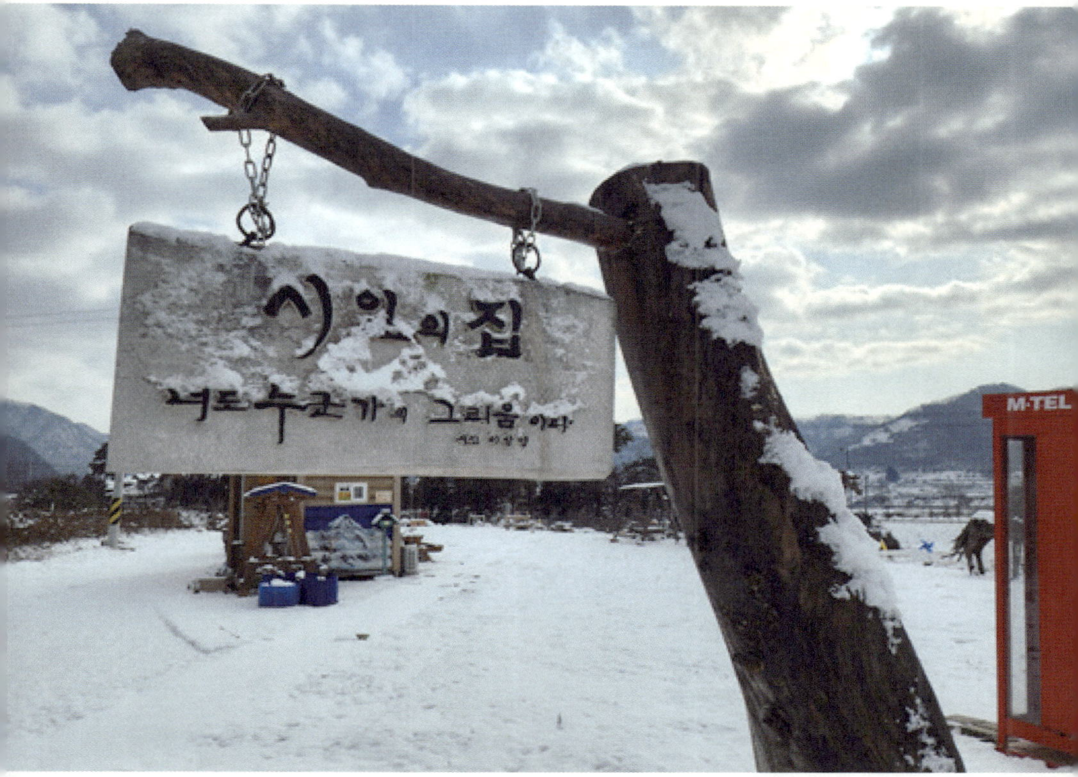

텃밭, 원예치료, 도시농업, 치유농업, 꿀벌, 기능성 약용작물, 귀농귀촌
그리고 **아모르파티!**

지식과감성#

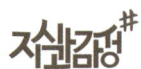

prologue

시인, 작가로 글을 쓴 지 30년, 농업, 농촌의 현장에서 농민과 함께 울고 웃으며 지낸 세월도 15년이 넘었다.

필자가 귀농귀촌을 꿈꾸는 모든 분들이 시행착오를 최소화하고 안정적이고 행복한 귀농귀촌에 연착륙할 수 있도록 2017년 초보 귀농귀촌인을 위한 가이드북 『당신의 봄날』, 2019년 『이상명의 행복한 귀농귀촌을 위하여(제1편 작물의 기초)』, 『이상명의 행복한 귀농귀촌을 위하여(제2편 귀농귀촌 사례)』, 2020년 『이상명의 나는 도시농부다』에 이어 다섯 번째 농업 전문 서적을 발간하게 되었다.

하지만 도시농업, 귀농 컨설턴트로서 시간이 흐를수록 농업이 쉽지 않음을 느끼게 된다.

우리 농업이 당면한 현실과 농산업을 둘러싼 환경 변화에 적시적이고 탄력적인 대응을 해야 하기 때문이다.

필자 또한 기업체, 대학교, 공공기관 등에서 인문학, 도시농업, 귀농귀촌 강의를 많이 하고 있지만 아직도 스스로 부족함을 많이 느낀다.

그렇지만 전국의 지자체 1,000여 개 도서관에서 필자의 보잘것없는 이야기가 독자들에게 실질적인 도움과 삶의 소소한 행복을 줄 수 있음에 자부심과 사명감을 갖게 된다.

이번에 출간하는 『이상명의 치유농업-Cafe』는 텃밭, 원예치료, 도시농업, 치유농업, 기능성 약용작물, 꿀벌, 귀농귀촌 핵심 지원사업 등의 내용과 함께 현대를 살아가는 우리를 돌아보게 하는 다양한 스토리를 담아 보았다.

삶의 한가운데에서 순간을 사랑하며 살아가는 모든 분들의 열정을 응원하는 마음으로 펜을 들어 본다.

목차

prologue	4
나만의 행복한 미네르바를 찾아서	9
이 작가의 농막/텃밭의 반란	29
1) 텃밭	31
2) 클라이언트 중심(Client-centered) 원예치료	51
3) 도시농업	60
4) 치유농업(Agro-healing)	91
마음의 혁명	113
1) 귀농귀촌 핵심 지원사업	117
2) 꿀벌	137
3) 기능성 약용작물	158
4) 아모르파티(amor fati)	205
마음의 절반은 나를 위해	207
epilogue	234

반칙

공부도 잘하는데 얼굴까지 예쁜 건 반칙이다
얼굴도 예쁜데 몸매까지 좋은 건 반칙이다
부자인데 로또 1등 당첨은 반칙이다
가난한데 게으른 건 반칙이다
투표로 당선된 정치인이 국민의 기대를 저버리는 건 반칙이다
부족함을 알면서도 노력하지 않는 것 또한 반칙이다

하지만 가장 큰 반칙은
사랑할 수밖에 없는 너를 마음속에서
지우려 한 일이다

나만의 행복한
미네르바를 찾아서

나의 어린 시절 요셉 신부님 이야기

내가 태어난 곳은 항몽유적지 대림산성이 있는 충북 충주의 창골이라고 불리는 산골 마을이다. 정상의 높이가 489m인데 우리 집의 위치가 450m 정도나 되었으니 가히 최고의 산골 집이 아니었나 싶다.
어린 시절 나는 엄마, 아버지가 들에 나가서 일하시는 동안 혼자 흙장난을 하고 놀거나 빌려 온 책을 보면서 하루의 대부분을 보냈다. 매우 가난한 가정 환경 때문에 서예를 배우며 향교를 다니다가 그만두었고 좋아하는 책을 빌려 보기도 힘든 상황이 되었다.
이 무렵 유일하게 세상과 소통하는 통로가 생겼다. 바로 오지 선교로 우리 집에 오신 미국인 요셉 신부님이었다. 신부님은 우리 집에 오실 때마다 읽고 싶은 책을 가져다주셨고 처음으로 나의 꿈을 물어보신 분이었다.
장마가 끝난 8월의 어느 무더운 여름날 신부님이 비지땀을 흘리며 우리 집에 오셨다. 시골이라 대접할 만한 것도 없어 시원한 미숫가루를 한 사발 갖다 드렸다. 신부님과 이런저런 소소한 이야기를 나누다가 나는 신부님에게 미국에 데려가 달라고 했다.
신부님이 나에게 물었다.
"왜 미국에 가고 싶니?"
나는 주저 없이 대답했다.
"돈이 없어서 좋아하는 책도 살 수 없고 맛있는 것도 먹을 수 없고 무엇보다 산골에서 사는 게 너무 싫어요!"

신부님이 빙그레 웃으시며 말씀하셨다.
"맞아, 하지만 네가 그런 이유로 미국에 간다면 네가 좋아하는 것을 못 해 주시는 부모님의 마음이 얼마나 아프겠니? 그리고 돈 때문에 사랑하는 가족과 헤어져 사는 것도 행복한 일은 아니란다."
말씀을 끝내시고 내게 책 한 권을 건넸다.

며칠 후 나는 신부님의 마음을 조금은 이해하게 되었다.
리처드 바크의 『갈매기의 꿈』에서 책 마지막 페이지에 신부님이 써 놓은 글귀가 눈에 들어왔다.

'행복은 언제나 마음속에 있는 것이다.
행복 위에서 잠들지 말고 조나단 리빙스턴처럼 날아 보렴.
언젠가 네가 나를 추억하는 날이 올지도…….'

이후 살면서 힘든 위기나, 견딜 수 없을 정도의 불편함과 마주칠 때면 이 순간을 기억한다.

어젯밤 나는 꿈에서 할아버지가 된 행복한 요셉 신부님을 만났다.

처마 밑 빗소리를 들으며…….

길가에 풀 한 포기, 나무 한 그루, 습관처럼 마시는 커피.
매일 다투는 나의 이웃들이 소중하다고 느낀 적이 있던가?
삶의 평범함을 잃어버리고 내 곁에서 아웅다웅하던 사람이 어느 날 세상을 떠났다는 사실에 인생이라는 단어를 다시 생각해 본 적이 있는가?

아무리 예쁜 꽃도 10일을 넘기지 못하고 제아무리 잘난 사람도 100년을 넘게 살기는 힘들다.
그러기에 한 번뿐인 인생은 너무 소중한 보석이다.

그 보석은 건강, 사랑, 행복을 주원료로 하고 있고
지금, 오늘, 이 순간이란 단어로 더욱 빛이 난다.

사랑

흔히 사랑을 神이 내린 선물이자, 인간 내면의 본성이라고 말한다.
인간은 수명이 정해져 있는 존재다. 순간순간 태어나고 순간순간 죽는….
그래서 우리 인생은 끊임없이 에너지가 필요하다. 그 에너지는 사랑이며 사랑은 아름다움을 갈망하는 것이며 본성이며 실존이다.
인간이 목이 마르면 물을 갈망하듯….

사랑을 언어로 가둘 수 있을까?
인간 자체가 불완전하듯 사랑에 대한 인간의 표현은
부족함과 불완전함의 대명사다.
철학이 삶에 대한 사랑이라면 사랑은 사람에 대한 사랑이다.

사랑은 추상이며 관념인 동시에 본성이며 실존이다.
인간은 사랑을 통해 행복을 구체화한다.
사랑이 없는 삶은 허무해지기 쉬우며 쉽게 지친다.
사랑은 우리 몸에 흐르는 끝없는 생명 에너지이기 때문이다.

순도 높은 사랑에 나를 맡겨 보는 것은 어떨까?

열세 살 장애우 행복을 말하다!

입대하기 전 친구와 한 달 동안 장애인 재활 기관으로 자원봉사를 간 적이 있다.
우리가 맡은 일은 침구류 세탁과 청소 그리고 말동무하기였다.
친구가 나에게 군대 가기 전 보람 있는 일을 꼭 해 보고 싶다고 했기 때문에 우리는 정말 열심히 일했고, 하루 일과가 끝나면 저녁 먹고 한 시간씩 수화를 배웠다.
그렇게 우리는 하루하루를 보석처럼 채워 갔고 내일이면 봉사가 끝나는 날이었다.
장애우 가운데 유난히 눈에 띄게 다정한 친구들이 있었다.
현우는 걷지 못하는 장애우였고 용준이는 듣지 못하는 장애우였다.
열세 살 동갑내기, 한창 응석을 부릴 나이다.
그림 그리기 놀이를 하다가 아이들에게 물었다.
"여러분은 언제 가장 즐겁고 행복한가요?"
용준이가 손을 들고 해맑게 대답한다.
"걷지 못하는 친구들을 휠체어에 태워 줄 때요. 현우의 휠체어를 밀어 줄 때 가장 행복해요!"
용준이에게 미래 희망이 무엇이냐고 물었다.
"현우가 안 아프고 행복했으면 좋겠어요."
자신에 관한 희망 사항은 하나도 없었다.

가슴 한구석이 환해진다.
용준이를 통해 다른 사람을 행복하게 해 주는 삶이 얼마나 내 마음을 행복하게 하는지 알게 되었고 이 아이의 순수한 영혼 앞에 부끄럽지 않게 살기 위해 노력하게 되었다.

살아 있다는 건

살아 있다는 건 참 가슴 벅찬 일이다
누군가의 희망이 되고 또 누군가의 사랑일 수 있어서
살아 있다는 건 참 가슴 아픈 일이다
누군가의 상처가 되고 또 누군가의 절망이기 때문에
살아 있다는 건 참 외로운 일이다
사람들 속에 혼자 남아 궁극의 나를 찾아야 하기 때문에

그래도 살아 있다는 건 분명 축복이다
적어도 이 지구라는 별에서는

나보다 더 나를 사랑해 주는 너 때문에……

KOPIA(해외 전문가) 몽골 양봉 세미나 이상명

당신

하루 중 가장 행복한 시간은
당신과 있는 지금입니다

인생에서 가장 중요한 일은
내가 당신을 사랑하는 일입니다

내가 상상할 수 있는 모든 것을 다 주어도
아직도 그리운 당신이 있기에
나는 당신을 위해 오늘을 영원히 살고 싶습니다

폐병처럼 당신의 거친 숨소리 위에서……

이 작가의 농막

농막의 겨울

농막의 겨울

농막의 여름

농막의 봄

농막의 가을

말 조각상 앞에서

농막 꾸미기(도시 농부 캐릭터 그리기)

농막의 마스코트(미네르바)

너

달빛 아래 젖은 너의 모습은 한 떨기 장미
기쁠 땐 나보다 더 많이 웃어 주고
슬플 땐 내 영혼까지 울어 주며
용기를 잃었을 땐 두 손 꼬옥 잡아 주던 사람
그런 너를 한없이 사랑한 나!
너로 인해 내 人生은 온통 꽃밭이었다
나만을 기다리는 너!
너 없이 행복할 수 없는 나!
그렇게 우린 일신전속적(一身專屬的)으로
설정되어 있었다

오래된 등기(登記)처럼……

죄의 꽃

세상에 아름답지 않은 꽃이 어디 있을까?
세상에 빛나지 않는 별이 어디 있을까?

당신은 나에게
낮에는 꽃이 되고
밤에는 별이 되어
내 인생을 밝혀 주었다

나는

당신에게 무거운 짐을 지운 행복한 죄인이다

전국노래자랑

일요일의 男子와 만나는 우리의 자화상!

그곳엔 저마다의 사연이 있고

저마다의 인생이 있다

오전의 웃음이 오후의 눈물이 되기도 하고 노랫가락 속에

우리네 삶의 모습이 진하게 묻어난다

잃어버린 삶의 재미와 감동이 무지갯빛으로 아름답게

물들어 가는 시간

출연자는 땡과 딩동댕을 오고 가지만

우리 인생은 땡이 없다

바로 그대가 삶의 주인공이기 때문에……

당신

내가 살아왔던 이유

내가 살고 있는 이유

그리고 내가 살아가야 할 이유

하지만 당신을 사랑하는 건

이유가 없습니다

이 작가의 농막
/텃밭의 반란

내 마음의 행복 텃밭

열 평 남짓한 텃밭에 방울토마토 모종을 정성껏 심는다
언제나 그랬던 것처럼 텃밭에서 나는 지극히 행복하다
텃밭은 내게 자연을 닮은 마음을 주고 지친 영혼을 쉬게 하며
햇살 같은 여유로움도 선물한다
고요한 대지의 품에 생명을 틔우고 이 생명이 온전히 자라
아름다운 결실을 맺어 건강한 배려로 다가온다

누구나 저마다의 행복 텃밭 하나쯤은 있었으면 좋겠다

1) 텃밭

가. 나만의 행복 텃밭

텃밭(vegetable garden, kitchen garden)의 사전적 의미는 집터에 딸리거나 집 가까이에 있는 밭을 의미한다. 즉, 위치적 개념에 입각한 근접 경작 개념으로 이해할 수 있다. 농업적 의미로만 이해한다면 말 그대로 집 가까이에 있는 소규모 경작지이다.

하지만 요즈음 웰빙과 힐링의 관점으로 보면, 텃밭은 자기 휴식의 공간이자 가족 공동체의 유대감을 높여 주는 동시에 자연과의 교감을 통한 정신적 힐링 공간으로 우리에게 건강한 배려(먹거리 등)를 선물한다.

텃밭에서 재배할 수 있는 작물은 50~60여 종 넘게 다양하다.
텃밭은 실제 작물 재배의 공간인 동시에 상상력 혹은 창의력의 공간이며 또한 자신만의 행복한 힐링 공간이기도 하다.

텃밭 계획하기와 텃밭 운영하기로 나누고 대표적인 작물의 재배 방법을 알아보자.

 **텃밭 계획**

① 장소
집과의 거리(차량으로 30분 내외)와 영농규모에 착안하여 깨끗한 자연환경을 갖고 있는 지역을 선택한다.
물 빠짐이 좋고, 공기가 잘 통하여, 햇빛이 잘 들고 점질토양에 모래가

함유된 토지를 선택한다.

② 작물 선택
작물은 지역, 토양, 기온, 재배 기술, 판매 등을 종합적으로 고려하여 선택한다.

 **텃밭 운영**

운영 단계는 심기 전 준비, 씨앗 뿌리기, 모종 심기, 기르기, 수확으로 분류할 수 있다.
심기 전 준비 단계는 텃밭을 구획하여 밑거름 주기, 이랑 만들기, 종자 구매를 한다(주의: 썩힘이 안 된 퇴비는 사용하지 말 것).
씨앗 뿌리기 단계에서는 파종 시기를 정확하게 맞추어 파종하며 씨앗은 종자 크기의 2~3배 정도 깊이로 파종한다.
기르기 단계에서는 잡초 제거, 솎아내기, 웃거름 주기, 곁순따기, 순지르기를 한다.
웃거름은 생육 상태로 판단, 잎채소는 15일, 열매채소는 30일을 기준으로 하며 비료는 구덩이를 파고 흙으로 덮어 준다.
솎아내기는 1차(본잎 1~2매), 2차(본잎 4~5매), 3차(본잎 6~7매)에 걸쳐 시행한다.

나. 텃밭 연습(텃밭은 창의력이다!)

 텃밭에 좋은 토양 알아보기

농사의 기본은 토양(흙)이다.
따라서 토양을 이해하는 것은 농업을 이해하는 첫걸음이 될 뿐만 아니라 미래의 환경을 보호하고 지속 가능한 농업을 실천하기 위한 중요한 토대가 된다.
토양(흙)은 식물체를 지지해 주고 양분과 수분, 공기 등을 공급하여 작물이 잘 자라게 도와준다.
작물을 재배하기 전에 토양을 먼저 알고 병, 해충을 공부하게 되면 작물에 대한 종합적 이해가 훨씬 쉬워질 것이다.
농사짓기 좋은 흙은 유기물이 많은 것으로 만져 보면 흙이 부슬부슬한 느낌이 있으며 검은색을 띤 약산성 내지 중성토양이다.
또한 전염성 병균이 적은 토양을 선택한다.
사람도 하체가 튼튼해야 좋은 것처럼 작물도 초기에 뿌리를 건강하게 내릴 수 있도록 하는 것이 중요하기에 토양을 이해하는 것은 작물을 이해하는 가장 중요한 전제가 된다.
각 시·군 농업기술센터에 토양분석을 의뢰하면 많은 도움이 된다.

<알면 도움이 많이 되는 텃밭 상식>

○ 병해충 발생을 예방하려면 동일한 과(Family)에 속하는 작물을 연작하지 않는다.
- 가지과: 고추, 가지, 감자
- 국화과: 상추, 치커리, 해바라기
- 명아주과: 시금치, 비트, 근대
- 메꽃과: 고구마
- 박과: 수박, 호박(애호박), 참외, 오이
- 부추과: 부추, 양파, 마늘
- 산형과: 당근, 샐러리
- 십자화과: 배추, 무, 케일, 콜라비, 브로콜리
- 콩과: 콩(땅콩), 완두
- 화본과: 옥수수, 밀(호밀)

○ 옥수수처럼 양분을 많이 필요로 하는 작물은 먼저 토양에 양분을 공급하는 콩과 작물을 심는다.

○ 옥수수 재배 후 감자를 심으면 수확량을 높일 수 있다.

○ 뿌리채소 재배 후 다음에 콩과 식물을 심는다.

○ 양파 재배 후 십자화과를 심는다.

○ 토마토는 연작하지 않는다.

○ 호박 재배 후 다른 작물을 심어도 무방하다.

○ 궁합이 잘 맞는 작물(상호 보완 작물)
- 콩과 옥수수: 옥수수밭에 콩을 혼작한다.
- 고추와 들깨: 고추밭에 들깨를 듬성듬성 심으면 들깨 향이 담배나방 애벌레 피해를 억제한다.
- 토마토와 대파: 대파 향이 토마토의 해충을 줄여 준다.
- 양배추와 옥수수: 양배추 옆에 마리골드나 민트를 심어도 좋다.

○ 궁합이 맞지 않는 작물
- 호두나무와 토마토: 호두나무 잎에서 만들어지는 주글론 물질이 땅으로 떨어져 토마토 생장을 억제한다.
- 사과와 감자: 사과나무 주변에 감자를 심으면 감자잎말림바이러스 발생 빈도가 높아진다.
- 사과와 잔디: 잔디 뿌리에서 분비되는 화학물질이 사과나무 잔뿌리 생육을 억제한다.
- 배추와 토마토: 생육이 불리하다.

○ 텃밭 주변에 마리골드(금잔화)를 심으면 해충 퇴치 효과도 있고 텃밭 전경도 아름다워진다.

○ 과습하면 병 발생이 높고 건조하면 충 발생 빈도가 높다.

<텃밭 권장 작물>

○ 씨앗: 상추, 열무, 시금치, 대파, 콩, 감자, 부추, 아욱 등

○ 모종: 고추, 가지, 고구마, 토마토(방울토마토), 상추, 케일, 배추, 비트 등

<텃밭 지양 작물>

○ 넝쿨이 많이 자라 텃밭에 피해를 주는 호박, 수박, 참외 등

○ 옥수수(땅의 양분을 많이 가져가고 그늘이 생김)

<베란다 텃밭>

○ 베란다에서 잘 자라는 채소
- 케일, 방울토마토, 시금치, 고들빼기, 상추, 샐러리 등(햇빛의 양이 중요)

○ 베란다에서 잘 안 자라는 채소
- 열매채소: 고추, 가지, 토마토, 오이, 호박, 딸기, 파프리카
- 뿌리채소: 감자, 고구마, 무, 비트, 당근
- 잎채소: 양배추, 브로콜리, 꽃케일 등

<텃밭 해충>

○ 텃밭 해충의 종류
- 총채벌레류: 꽃노랑총채벌레, 오이총채벌레 등
- 응애류: 점박이응애, 차응애 등
- 가루이류: 온실가루이, 담배가루이 등
- 파리류: 잎굴파리류, 고자리파리 등
- 진딧물류: 복숭아혹진딧물, 목화진딧물, 감자수염진딧물 등
- 나방류: 배추좀나방, 배추흰나비, 파밤나방, 담배거세미나방 등
- 달팽이류 : 민달팽이, 명주달팽이 등
- 노린재류 : 톱다리개미허리노린재, 비단노린재, 알락수염노린재 등
- 딱정벌레류 : 벼룩잎벌레, 좁은가슴잎벌레 등

○ 텃밭 해충 관리
- 방충망 씌우기
- 막걸리 트랩 설치하기
- 친환경 살충 자재로 방제 등

※ 필자의 견해(참고용)

필자도 지난 10년간 50~60평 정도 텃밭을 운영해 보았다. 텃밭 운영의 가장 중요한 포인트는 작물 선정과 적정한 텃밭의 크기 선택이다.
처음에는 의욕이 앞서 많은 작물을 텃밭에 심으려고 생각하지만 실제 텃밭에 많은 작물을 식재하게 되면 관리가 어려울 뿐 아니라 시간적

여유도 없게 된다.

텃밭 규모에 따라 다르지만 대개 3~4작목 이내로 선정하면 될 듯하다. 필자는 가급적 호박, 수박 등 넝쿨성 작물과 옥수수는 텃밭에 심지 않는다.

왜냐하면 넝쿨이 많이 자라 텃밭 관리가 힘들어지며 옥수수는 땅의 지력을 많이 소모하며 그늘이 생기기도 하기 때문이다.

그리고 텃밭 면적의 1/3은 마리골드(토양선충을 없애 주고 꽃을 따 주면 오래간다)를 심어 텃밭을 아름답게 가꾼다. 마리골드와 토마토를 같이 심는 것도 좋다. 토마토를 심을 경우 대파와 같이 심는다.

필자는 주로 상추, 감자, 고구마, 열무, 배추, 토마토(방울토마토), 일당귀 등을 심으며 2~3년마다 콩을 심어 지력을 높여 주었다.

연작 피해를 방지하기 위해 작목을 바꾸어 주는 것도 좋다.

텃밭 주변은 맥문동으로 경계를 표시하면 아름답기도 하고 제초 효과도 있다.

체험학습용 텃밭에 적상추, 적겨자채, 적근대, 레드 치커리, 보라들깨 등의 붉은색을 띠는 채소를 1/2 정도 심고 상추, 부추, 시금치, 아욱, 배추, 열무 등 녹색을 띠는 채소를 심는 등 대조 텃밭을 조성하여 텃밭 교육을 하였더니 어린이들의 관심 및 선호도가 매우 증가함을 설문 조사를 통해 확인할 수 있었다.

작물과 꽃을 조화롭게 심어 텃밭을 조성하면 텃밭 경관뿐만 아니라 재배적 효과도 있다. 양배추, 오이, 토마토, 콩 등과 한련화를 함께 심고 마리골드와 토마토, 감자, 콩류를 토마토, 부추, 양배추와 바질을 치커리, 당근 등과 차이브를 함께 심으면 좋다.

텃밭 면적의 1/2 정도는 금잔화, 금어초, 팬지, 패랭이, 프리뮬러, 비

올라 등을 심고 나머지는 좋아하는 3~4가지의 작물을 심는 것도 좋고, 학교나 어린이집 텃밭에서는 허브와 작물을 1/2씩 나누어 심는 것도 추천한다.

가족이 운영하는 행복한 가족 텃밭 운영도 추천한다. 가족 구성원이 4명이라면 각자 좋아하는 작목을 1개씩 심고 꽃밭이나 허브는 공동으로 가꾼다.

텃밭의 작목 앞에는 각자의 텃밭 이름을 짓는다. 가급적이면 가족 구성원이 같은 시간에 텃밭에서 일을 하고 점심 혹은 저녁 식사를 같이 한다. 시간이 날 때마다 텃밭 사진을 찍고 일기를 쓴다. 크리스마스가 다가올 무렵 온 가족이 모두 모여 한 해의 텃밭 농사에 대해 이야기를 나누며 식사하는 종합 평가 시간을 갖는다.

텃밭에 방울토마토, 울금, 민들레, 당근, 케일 등을 심고 한쪽에는 애플민트, 로즈메리, 라벤더, 타임, 캐모마일 등 향기가 좋은 허브를 심는 것도 괜찮은 방법이다. 필자는 2년마다 텃밭에 약용작물을 심어 시험 연구도 하고 약초를 생산하기도 하였다.

폐에 좋은 도라지(길경)를 심어 2년 동안 재배한 것을 수확하여 도라지 가루를 만들고, 도라지 반찬, 도라지를 달인 물을 수시로 복용하기도 한다. 도라지, 더덕, 방풍 등은 나물로 좋은 약용작물이며 당귀와 도라지는 차로 마시면 좋다.

당뇨 개선 효과가 있는 돼지감자를 몇 포기만 심어(많이 심으면 번식력이 너무 강해 전부 돼지감자밭이 된다) 깍두기를 담가 먹기도 하였다. 올해에는 황기(이랑을 40cm 이상 높게)를 심어 시험 연구 중에 있으며 11월 초에 수확할 예정이다.

황기는 1년생은 삼계탕 등 식재료, 다년생은 약재로 주로 이용한다. 텃밭은 자신만의 상상력을 총동원하여 작물을 재배하는 힐링의 공간으로 활용하면 된다.

※ 알아 두면 좋은 약초의 기능성

○ 정신질환, 뇌에 좋은 약초: 감국, 만병초, 천마 등

○ 간 질환에 좋은 약초: 민들레, 인진쑥, 천마, 익모초, 겨우살이

○ 위장 질환: 삽주 뿌리

○ 폐, 기관지: 도라지, 산더덕, 잔대 등

○ 관절, 뼈: 홍화씨, 우슬(쇠무릎), 골담초, 두충 등

○ 신장, 방광 질환: 질경이, 인동덩굴, 으름덩굴, 어성초

○ 당뇨: 하눌타리. 겨우살이, 여주 등

○ 남성: 구기자, 복분자, 삼지구엽초, 산수유, 야관문 등

○ 여성: 당귀, 천궁, 삼백초 등

영혼을 잃어버린 그대에게

어린이는 아이돌을 따라 하다 동심을 잃어버렸고
20~30대는 토익 점수와 비트코인 등에 정신이 팔려
도전 정신을 잃어버렸다
40~50대는 집, 땅, 차에 자신을 잃어버렸고
60~70대는 자신의 人生을 잃어버렸다

공직자는 공익(公益)을 잃어버렸고
사법부는 정의를 거래하였다
역사가는 사관(史觀)을 잃어버렸고
우리는 반도에 얽매여 자부심과 대륙을 잃어버렸다
교육자는 참교육의 가치를 잃어버렸고
정치인은 양심과 도덕성, 국민에 대한 책임마저 잃어버렸다

살다 보면 잊어버리는 일도 많고
잃어버리고 사는 것이 좋을 때도 많지만
잃어버리지 말아야 하는 것은 죽기 살기로
잃어버리지 말자!

그게 우리의 영혼이라면……

필자의 시험 연구 텃밭 (황기, 상추 등)

다. 텃밭 작물

 고추

① 준비

이랑 60~90cm, 고랑 30~40cm를 만들고 거름을 주고 한 달 후에 심는다.
(흙과 비료 배합(g/3.3㎡당)은 밭 갈기 2~3주 전 퇴비 6.7kg, 석회 500g, 이랑 만들 때 질소 34g, 인산 37g, 칼리 30g)

② 모종
40~50cm 간격으로 심는다.

③ 지주 세우기

④ 본밭 관리
아주심기 한 후 20~25일 간격으로 3회 정도 웃거름을 준다.
정식 후 15일 후 질소 9g, 칼리 6g
정식 후 25일 후 질소 9g, 칼리 6g
정식 후 35일 후 질소 9g, 칼리 8g

⑤ 수확

🌽 방울토마토

① 준비
이랑 90cm, 고랑은 40cm 정도
(흙과 비료 배합(g/3.3㎡당)은 밭 갈기 2~3주 전 퇴비 6.7kg, 석회 400g 정도, 이랑 만들 때 질소 53g, 인산 83g, 칼리 40g)
거름을 주고 한 달 후에 심는다.

② 심기
30~40cm 간격

③ 지주 세우기

④ 기르기
아주심기 한 후 15~20일 간격으로 3회 정도 웃거름을 준다.
정식 후 15일 후 질소 20g, 칼리 17g
정식 후 30일 후 질소 20g, 칼리 20g
정식 후 45일 후 질소 13g, 칼리 17g

 케일

① 준비
이랑은 80cm, 고랑은 50cm 정도
(흙과 비료 배합(g/3.3㎡당)은 밭 갈기 2~3주 전 퇴비 5kg, 질소

15g, 인산 16.6g, 칼리 18g, 석회 330g)
거름을 주고 한 달 후에 심는다.

② 모종 심기
50cm×10cm 간격

③ 기르기
웃거름(아주심기 한 후 15~20일 간격으로 2회 정도)
질소 15g, 칼리 18g 정도 준 다음 흙을 덮는다.

 상추

① 준비
이랑은 150~180cm, 고랑은 30cm 정도
(흙과 비료 배합(g/3.3㎡당)은 밭 갈기 2~3주 전 질소 330g, 인산 200g, 칼리 213g)
거름을 주고 한 달 후에 심는다.

② 씨앗 뿌리기
20~30cm 간격, 점뿌림 또는 줄뿌림(흙을 얇게 덮어 줌)

③ 모종 심기
구덩이를 10cm 정도 판 후 물을 준 다음 물이 마르면 흙을 덮는다.

④ 기르기
웃거름(아주심기 한 후 15~20일)
정식 후 15일 후 질소 13g, 칼리 5g
정식 후 30일 후 질소 10g, 칼리 5g
정식 후 45일 후 질소 10g, 칼리 5g

 감자

① 준비
이랑은 60~90cm, 고랑은 30~40cm 정도
(흙과 비료 배합(g/3.3㎡당)은 밭 갈기 2~3주 전 퇴비 5~6.6kg, 질소 33g, 인산 33g, 칼리 40g)
거름을 주고 한 달 후에 심는다.

② 기르기(북주기)
감자를 심고 20~30일이 지나 싹이 나온다.
10cm 정도 감자 싹이 자랐을 때 1차 북주기, 10일 후 한 번 더 북주기를 실시한다.

 고구마

① 준비
두둑과 두둑 사이 70cm, 두둑 높이 25~30cm 정도
(흙과 비료 배합(g/3.3㎡당)은 밭 갈기 2~3주 전 퇴비 3.3kg, 질소

18g, 인산 21g, 칼리 43g)

② 모종 심기
90×30cm

③ 기르기
생육 초기 40~60일 동안 잡초를 제거하고 물을 잘 주어 수분이 부족하지 않게 한다.

 열무

- 연중 재배가 가능하며, 채소 중 생육 기간이 가장 짧아 파종 후 20~30일이면 수확이 가능하다(얼갈이용 채소).
- 줄 간격 10~15cm로 줄뿌림하는 것이 좋으며, 종자 간격 2~3cm로 촘촘히 뿌린 후에 파종 후 10일경에 솎아 주어 최종적으로 10cm 간격으로 키운다.
- 벼룩잎벌레, 무잎벌 등의 피해가 심하기 때문에 파종 직후부터 부직포 터널재배 등 친환경 방제가 요구된다.
- 봄, 가을에는 파종 후 30일 정도, 여름에는 20일 정도 후, 초장이 30cm 정도일 때부터 수확한다.
- 어린 열무를 쌈으로도 이용할 수 있다.

※ 출처/참고 문헌

농촌진흥청, 〈텃밭 채소 언제 심어서 언제 먹을 수 있나?〉,《잎줄기채소(14작목) 텃밭 작형 매뉴얼》, 2013년.

서울시,《작물 재배 매뉴얼(알기 쉽게 배우는 도시 텃밭 가꾸기)》, 2015년.

<토양시료채취 방법>

1. 시료 채취는 농경지 전체의 정확한 평균치를 알 수 있도록 5~10개 지점 이상에서 시료를 채취한다.
2. 표토 1cm 제거 후 위에서 아래로 긁어내듯이 채취한다.
3. 뿌리가 분포하는 지점으로 밭·원예작물 15cm 정도, 벼 작물 18cm, 과수의 경우 가지 끝에서 30cm 안쪽 위치에서 20~30cm 깊이로 채취한다.
4. 채취 시기는 비료 살포 전이나 수확 후로 한다.
5. 채취량은 500g 정도로 생산자명, 생산지, 지적, 재배작물, 전화번호 등을 기재하여 의뢰한다.

그게 人生이었다

놓지 말아야 할 두 손을 놓아 버리고
그리움에 목 놓아 울었다
그게 사랑이었다

사랑하기에도 짧은 시간이었건만
세월 속에 청춘을 묻고 미움 속에 당신을
지우며 바람 속에 나를 실어 보냈다

그리고 아쉬운 듯 뒤돌아본다
……

그게 人生이었다

2) 클라이언트 중심(Client-centered) 원예치료

가. 원예치료의 정의

식물 및 원예 활동을 통하여 사회적, 교육적, 심리적, 신체적 적응력을 기르고, 육체적 자활과 정신적 회복을 추구하여 그 결과를 궁극적인 삶의 질 향상으로 연결시키는 과정이다.

쉽게 표현하면 다양한 원예 활동을 활용하여 심신의 건강을 증진시키는 기술, 혹은 방법으로 이해하면 될 것 같다(치료라는 용어는 병적인 개념을 반드시 전제하지는 않는다).

🌽 원예치료의 효과

① 지적 효과
- 새로운 용어와 개념 습득, 어휘력 증가 등
- 식물의 모양이나 색채 및 생장에 따른 지식 습득

② 사회적 효과
- 공통의 작업 수행 등을 통한 구성원 간 역할 수행 능력 강화
- 협력, 권위 존중, 책임 분담 등

③ 정서적 효과
- 자신감, 자존감 증가
- 창의력, 자아의 성장
- 정서적 안정감, 분노 표출의 경감, 긍정적 사고 등

④ 신체적 효과
- 대근육과 소근육 운동 효과
- 균형 감각 유지
- 근력 강화 등
- 눈, 손 협응력 향상 등
- 오감(시각, 청각, 촉각, 미각, 후각)의 감각 증진 효과

⑤ 환경적 효과
- 시각적 피로 경감
- 집중력 향상
- 실내공기오염물질 제거 등

Who am I?

나는 방향을 잃어버린 조나단 리빙스턴과
가야 할 길을 잃어버린 인간의 군상들
그리고 어찌할 바를 모르고 세상에 흩어진 불쌍한 자아!
물질의 다소를 고민할 것인가?
가치와 아름다움의 무게에 저울추를 맞출 것인가?
썩은 현실이 나를 숨 막히게 한다
인간은 빵만으로 살 수 없다는 말은
너무 무거운 얘기인 듯싶다

지금 우리는 빵보다도 가벼운 存在이기 때문에……

나. 원예치료의 통합적 접근(Integrated approach)

 필요성

현재 고려대, 건국대, 원광대 등 각종 대학과 장애인 관련 기관, 농업기술센터, 교육기관, 병원 등 다양한 분야에서 원예치료가 활발하게 전개되고 있다.
하지만 프로그램 내용이 동작 치료 위주의 사례가 많아 향후 음악치료, 미술치료, 각종 상담 이론과의 통합적 접근이 요구되고 있다.
원예치료의 초점도 프로그램 중심에서 클라이언트(원예치료 대상자) 중심으로의 전환이 필요하며, 클라이언트를 이해하기 위한 기본 전제로 인간의 기본적 욕구를 통합적 시각으로 이해하는 것이 중요하다.

 통합적 원예치료의 이해

원예치료사가 클라이언트에 초점을 맞추고 원예치료 프로그램의 효과성을 극대화하기 위해, 인문학적, 사회학적, 심리학적 관점이 투영된 통합적 접근이 필요하다.

 통합적 원예치료의 핵심 키워드

- 원예치료 3주체(클라이언트, 원예치료사, 프로그램) 간의 통합적 접근
- 원예치료 프로그램 내용이 통합적 접근

회기	주제	회기 목표	내용	기대 효과	준비물
1	Bonjour? (오리엔테이션)	내면 감정 표출	좋아하는 그림 그리기	Rapport 형성	도화지, 그림 도구 등
2	점 잇기	주의, 집중력 향상	도화지에 점 찍은 후 이어서 그리기	주의, 집중력 향상	도화지, 그림 도구 등
3	콩 액자 만들기	손의 기민성, 집중력, 협동심 향상	2~3명이 짝을 지어 도와 가며 액자를 완성	손의 기민성, 집중력, 협동심 향상	잡곡, 본드, 가위 등
4	꽃바구니 만들기	오감과 미세 근육 운동	조화를 이용해 아름다운 바구니 만들기	오감 자극 근육 운동	조화, 바구니 등
5	마음껏 찢기	내면 감정 표출	준비한 모든 종류의 종이류 찢기	소근육 운동 카타르시스 형성	신문지, 색종이, 가위 등
6	마구 구기고, 찢기 (종이접기)	창의성 계발	종이를 구겨 물감을 찍은 후 도화지에 찍는다	창의성 계발	도화지, 신문, 종이, 그림 도구
7	소리 지르기 좋아하는 노래 부르기	내면적 감정 표출 극대화	소리를 크게 지르거나 좋아하는 노래 부르기	카타르시스 스트레스 해소 등	
8	아로마 테라피	후각 자극	아로마 오일을 손바닥에 떨어뜨린 후 2분간 흡입	두통, 스트레스 해소 등	아로마 오일
9	음악 듣기, 허브차 마시기	정서적 안정 뇌파 자극	테마별 다양한 음악감상	정서 안정 뇌파 자극	클래식 자연의 소리 명상 음악 등
10	C'est La Vie! (그것은 인생)	미니 정원을 꾸며 식물의 일생을 이해	씨앗 뿌리기에서 시작 식물을 재배하는 전 과정 이해하기	식물 재배를 통해 생명의 가치 및 자신을 돌아볼 수 있다	미니 정원 종자, 허브, 꽃씨 등

필자가 제작 활용한 원예치료 프로그램의 예시

필자가 학생들을 대상으로 원예치료 프로그램을 운영하고 있다

필자가 운영한 원예치료 프로그램 사례

※ 필자의 견해(참고용)

1812년 미국의 벤자민 러쉬(Benjamin Rush) 박사가 흙을 만지는 것이 정신질환자에게 치료 효과가 있음을 발표하였고 1987년 '미국원예치료협회'가 조직되었다.
2차 세계 대전 후 제대군인이나 상이군인을 대상으로 한 직업훈련과 신체적, 정신적 장애를 극복하기 위한 텃밭 가꾸기 프로그램이 효과가 있음을 확인하면서 원예치료는 독자적인 한 분야로 발전하게 되었다.
한국에서는 2004년 이후 다양한 분야에서 활발하게 원예치료 프로그램이 운영되고 있다.

필자는 수년간 제천시 농업기술센터에서 체험학습 담당자로서 어린이집, 초등학생, 중학생, 교정 시설, 장애우의 집, 치매 어르신 등 10,000~12,000여 명을 대상으로 다양한 원예치료 프로그램을 운영하였다.
원예치료의 효과는 지적 효과, 사회적 효과, 신체적 효과, 환경적 효과, 정서적 효과 등 다양하지만 무엇보다 지속적인 다양한 원예 활동을 통한 클라이언트(원예치료 대상자)의 정서적 안정감과 성장에 있음을 발견하였다.

클라이언트 중심 원예치료란 Rogers의 비지시적 상담(來談子中心的) 이론에 입각하여 클라이언트에 초점을 맞추고 심리학적, 사회학적, 인문학적, 정신 분석학, 상담 이론 등 다양한 관점을 統合的 接近(Integrated approach)하여 원예치료사와 클라이언트 간에 지속적인 Rapport 관계를 유지하여 원예치료 프로그램의 효과성을 극대화 하는 것을 의미한다.

3) 도시농업

가. 도시농업의 이해

도시농업(Urban agriculture)이란 무엇인가?
왜 도시농업이 필요하며 그 핵심적 가치는 무엇일까?

도시농업은 도시와 농촌의 상생 혹은 거시적 의미에서 도시의 건강한 생존에 의미가 있다고 볼 수 있다.
즉 도시 설계 속에 농업이 포함될 수 있어야 한다는 관점의 투영이며, 이를 훌륭하게 보여 주는 예가 잉카의 산속 도시 '마추픽추'이다.

「도시농업의 육성 및 지원에 관한 법률」에서는 도시농업을 "도시지역에 있는 토지, 건축물, 또는 다양한 생활공간을 활용하여 농작물을 경작 또는 재배하는 행위로써 대통령령으로 정하는 행위"라고 규정하고 있다.
지극히 행정적인 개념이다.
좀 더 쉽게 풀어 본다면 도시지역에서의 다양한 공간을 활용한 폭넓은 농업적 생산 활동으로 이해하면 될 것 같다.
도시녹지율을 높이고 급속한 도시화에 따른 사회, 환경개선과 웰빙 및 여가 활동 증가, 도시민의 생태적 삶의 실현. 농업에 대한 도시민의 공감대 형성 등 도시농업에 대한 수요가 급증하고 있어 정책적, 제도적 접근이 필요하다.

 도시농업의 육성 및 지원에 관한 법률 제2조(도시농업법 제2조)

① '도시농업'이란

도시지역에 있는 토지, 건축물 또는 다양한 생활공간을 활용한 다음 각목의 어느 하나에 해당하는 행위로서 대통령령으로 정하는 행위를 말한다.
- 농작물을 경작 또는 재배하는 행위
- 수목 또는 화초를 재배하는 행위
- 「곤충산업의 육성 및 지원에 관한 법률」 제2조 제1호의 곤충을 사육(양봉을 포함한다)하는 행위

② '도시지역'이란

「국토의 계획 및 이용에 관한 법률」 제6조에 따른 도시지역 및 관리지역 중 대통령령으로 정하는 지역을 말한다.

③ '도시농업인'이란

도시농업을 직접 하는 사람 또는 도시농업에 관련되는 일을 하는 사람을 말한다.

④ '도시농업관리사'란

도시민의 도시농업에 대한 이해를 높일 수 있도록 도시농업 관련 해설, 교육, 지도 및 기술 보급을 하는 사람으로서 제11조의 2 제1항에 따라 도시농업관리사 자격을 취득한 사람을 말한다.

 도시농업의 날(도시농업법 제21조의 2)

국가는 국민에게 자연 친화적인 도시환경 조성을 위한 도시농업의 중요성을 알리기 위하여 매년 4월 11일을 도시농업의 날로 정한다.
국가와 지방자치단체는 도시농업의 날에 적합한 행사와 교육 및 홍보를 실시하도록 노력하여야 한다.

 도시농업관리사의 배치(도시농업법 시행령 제7조의 3)

- 농촌진흥청에서 운영하는 도시농업 관련 교육·훈련시설
- 「농촌진흥법」 제3조에 따른 지방농촌기관에서 운영하는 도시농업 관련 교육·훈련시설
- 그 밖에 국가 또는 지방자치단체가 운영하는 도시농업 관련 교육·훈련시설
- 국가 또는 지방자치단체는 도시농업법 제11조의 2 제5항에 따라 도시농업교육을 실시하는 경우 해당 교육과정의 인원 40명당 도시농업관리사 1명 이상을 배치하여야 한다.

나. 도시농업의 변천 및 발전

도시농업은 1, 2차 세계 대전 이후 도시민에게 생계유지에 필요한 부식 조달 및 정원 활동의 공간을 제공하면서 급속하게 확산되는 계기가 되었다.
독일의 클라인가르텐(kleingarten), 영국의 얼로트먼트(allotment)가 대표적이다.
미국은 1973년 이후 도시 텃밭 조성 운동이 활발하게 전개되었고 일본은 1990년 「시민농원정비촉진법」이 제정되었다.
우리나라 도시농업의 시작은 1992년 '시민과 함께하는 농업'이라는 주제로 서울시 농촌지도소에서 시작된 주말농장으로 볼 수 있으며 본격적인 발전과 확산은 2010년 이후라고 보면 될 것이다. 농촌진흥청은 도시농업의 발전과 확산을 위해 많은 노력을 하였다. 「도시농업육성 및 지원에 관한 법률」이 2011년 제정되었으며 2017년 9월 22일 시행되었다.

도시농업의 주된 초점은 텃밭 가꾸기이며 안전 먹거리 생산, 신체적, 정신적, 사회적 건강 증진, 공동체 활성화에 근거한 도시민의 건강 및 정서 함양, 도농 상생 등 統合的 도시민의 생태적 삶의 실현이라고 할 수 있다.
도시농업의 형태도 텃밭(주말농장, 옥상 텃밭, 학교 농장, 공동체 텃밭)을 기본 모델로 하여 화훼 작물, 약용작물, 허브 등 다양한 작물을 농업적으로 활용하여 실제로 운영되고 있다.

도시농업에 인문학적 감성을 접목한 교육 프로그램 및 귀농귀촌 활동과 연계한 새로운 프로그램의 개발도 좋은 도시농업 사례가 될 것이다.

다. 해외 도시농업 사례

 클라인가르텐(kleingarten): 독일

- 도시 구역 안에서 구획으로 조성된 작은 정원
- 과수, 화훼 및 채소를 가꾸며 주택과 30분 이내
- 현재 면적은 47,000ha로 도시농업 발달

 얼로트먼트(allotment): 영국

- 개인에게 구획을 나누어 임대해 주는 토지
- 253㎡(77평)를 기본으로 하고 1년 동안 임대 가능

 시민농원: 일본

- 고령자의 삶의 보람 찾기, 학생 체험학습 등
- 3년간 임대 가능하며 도시민들이 자가소비용 채소, 꽃 등 재배

🌽 커뮤니티 가든: 미국

- 1973년 도시 텃밭 조성: '그린 게릴라' 소모임에서 현대적 의미의 도시농업 시작
- 뉴욕에 600개소의 도시 텃밭 조성
- 미셸 오바마의 백악관 텃밭 30평(텃밭 열풍)

🌽 오가노포니코: 쿠바

- 시작: 생존을 위한 도시농업(유기농)으로 식량 자급률 향상
- 일자리창출: 16만 명
- 채소, 과일 등 농산물을 도시에서 생산

🌽 다차(나누어 주다): 러시아

- 도시민의 70%가 다차를 소유
- 집과 텃밭이 딸린 농장으로 40~50%의 농산물 생산

🌽 원예 농원 : 네덜란드

- 공공녹지 및 여가 활용
- 치유농업 발달

라. 도시농업의 효과

 생리적 효과

- 야외 활동: 신선한 공기, 일광 등
- 몸을 구부리고 펴는 행동: 근육 강화
- 다양한 부위의 근육 사용, 심혈관 기능 증진 등

 심리적 효과

- 성취감과 행복감: 심리적 건강 증진
- 햇빛 노출: 세로토닌 증가(우울증 감소, 행복 호르몬 등)
- 공동체로서의 일체감과 소속감 증대
- 자연 및 녹지와의 상호작용: 웰빙과 힐링
- 사회적 네트워크와 공동체 상호작용 증진 등

 영양학적 효과

- 신선한 농산물 생산: 비타민과 미량 원소 풍부
- 안토시아닌과 플라보노이드, 비타민 C가 풍부한 딸기류, 과일 등
- 철, 엽산, 아스코르브산이 풍부한 녹색의 잎이 무성한 채소류 등
- 햇빛 노출: 피부에서의 비타민 D 합성 등

 **산업 경제적 효과**

- 도시와 농촌의 상생 발전
- 안전 농산물 생산 및 일자리 창출 등

마. 도시농업 활용 분야로서의 허브

 허브에 대하여

허브(HERB)는 푸른 풀을 의미하는 라틴어 'Herba'에서 유래되었으며 향과 약초라는 뜻을 가지고 있다.
허브는 식량이나 치료 약 등으로 오래전부터 인간에게 유용하게 이용되어 왔으며 약초, 향초, 향신료로 이용에 따라 구분한다.
현재 지구상에 자생하며 이용되는 허브는 약 2,500종 이상이며 약용, 염료, 관상용, 요리, 미용 등 다양한 용도를 가진다.

① 로즈메리
- 학명: Rosemarinusofficinalis
- 과명: 꿀풀과
- 이용 부위: 꽃, 잎, 가지

로즈메리는 향신료, 찻잎, 화장품 방향제 등의 재료로 사용되며 항산화 및 항균 효과, 진정 효과, 인지능력 증진에 도움을 주며 수험생이 있는 가정에서는 햇볕이 잘 드는 곳이나 공부방에 놓아 주면 좋다.
로즈메리의 잎은 차, 요리 등에 사용되고 꽃은 음식물의 장식용으로 설탕 절임, 허브 오일, 비네거로 저장하기도 한다.
향주머니, 목욕제 등 생활 소품으로 사용되기도 하며 육류 요리, 생선 요리, 수프 등 요리에도 다양하게 활용된다.
에센셜 오일을 사용할 경우 임신, 고혈압, 간 질환자는 특별한 주의를 요한다.

② 라벤더
- 학명: Lavandula angustifolla, L. officinalis
- 과명: 꿀풀과
- 이용 부위: 꽃, 잎

라벤더는 진정 작용이 뛰어난 향기를 가진 허브로 불안, 초조, 긴장감을 진정시키고 정신적 피로를 풀어 주어 편안한 수면을 유도한다. 침실에 놓아 주면 좋다.
스트레스성, 신경성 위염이나 두통 완화에도 도움을 준다.
라벤더의 종류는 프렌치 라벤더, 스페니쉬 아이즈 라벤더, 잉글리시 라벤더가 있는데 우리가 흔히 보는 라벤더는 잉글리시 라벤더가 많다.
꽃은 주로 차를 마실 때 이용하며 꽃, 줄기, 잎은 포푸리, 목욕제, 화장수, 인테리어 용품에 이용된다.
에센셜 오일은 정신 안정 효과가 있어서 베개에 오일을 한 방울 떨어뜨리면 안면 효과가 있다.
에센셜 오일을 사용할 경우 일반적으로 무자극, 무독성이나 극심한 저혈압, 임산부는 특별한 주의를 요한다.

③ 캐모마일
- 학명: Matricaria recutita (저먼)
         Anthemis nobilis (로먼)
- 과명: 국화과
- 이용 부위: 꽃

캐모마일은 항염, 소염, 상처 치료, 불면증, 감기 예방, 혈액순환 촉진, 방충, 진정, 소화 촉진, 긴장을 완화시키고 두통, 편두통, 신경통 등 통증에 도움을 준다.
저먼 캐모마일은 일년생, 로먼보다 향이 부드럽고, 꽃이 작고 키는 크다. 꽃 차로 사용된다.
로먼 캐모마일은 저먼보다 향이 강하고, 꽃은 크고 키는 작다.
다년생이며 월동한다.
- 용도: 위통에는 차로 마시고, 염증에 효과가 있다.
건조화는 베개 속에 넣어 두면 숙면에 도움이 되고 산만하거나 짜증이 많은 아이, 한밤중에 잠을 자지 않고 보채거나 우는 아이에게 캐모마일차를 우유에 타서 주면 좋다.

④ 페퍼민트
- 학명: Mentha × piperita
- 과명: 꿀풀과
- 이용 부위: 꽃, 잎, 줄기

페퍼민트는 방부, 살균 작용, 항염, 소염, 살균, 항균, 거담, 해열, 두뇌 활성, 집중력 향상, 진통 등 다양한 효능이 있다.
박하 정유의 주성분 menthol인데 상쾌한 향기와 청량감이 있다.
식용, 테라피용, 생활용품으로 활용되며 잎은 언제든 새잎을 수확해 이용하며, 그늘에 말려 보관한다.
민트 차, 모히토 만들기 등 음료로도 이용된다.
에센셜 오일로 사용 시에는 7세 미만의 유·소아 및 임산부와 간질, 고혈압 환자는 사용을 금한다.
민트류에는 페퍼민트, 애플민트, 스피아민트, 파인애플 민트가 있다.
텃밭에 심을 때에는 멀리 띄워서 심는다.

⑤ 레몬밤
- 학명: Melissa officinalis
- 과명: 꿀풀과
- 이용 부위: 꽃, 잎, 줄기

레몬밤은 해독, 복통, 위궤양, 생리 촉진, 기억력 향상, 해열 작용, 항알레르기, 두통, 우울증, 불면증, 소화 불량에도 도움을 주고 복부 비만과 내장 지방 제거에도 도움을 주어 여성을 위한 허브로 불리기도 한다.
차, 요리, 음료, 입욕제로 쓰인다.
차로 이용하였을 경우 식후에 침출액을 마시면 소화를 돕고 감기에 효과가 있다.
샐러드, 수프, 소스, 오믈렛, 육류, 생선 등 맛을 내는 요리로도 사용되며 레몬밤을 와인에 넣어 매일 한 잔씩 하는 것도 좋다.

요리나 차로 이용할 때 60도 이상 고온이 되면 향기가 없어진다.

⑥ 타임
- 학명: Thymus vulgaris
- 과명: 꿀풀과
- 이용 부위: 꽃, 잎, 줄기

타임은 소화 불량, 위장 기능 향상, 우울증, 신경 안정, 호흡기 질환에 도움을 주며 'Thymol' 성분 때문에 허브티로 이용된다.
테라피용, 생활용품으로 사용되며 차로 마시면 피로 회복에 좋고, 주스나 와인에 넣어 향을 즐기기도 한다.
잎과 줄기를 이용하여 육류의 비린내를 제거하며 소화에도 좋아 요리에도 많이 활용된다.
에센셜 오일로 사용할 경우 신경계 자극이 될 수 있으므로 민감한 피부를 가진 사람은 사용하면 안 된다.

⑦ 바질
- 학명: Ocimumbasilicum
- 과명: 꿀풀과
- 이용 부위: 꽃, 잎, 줄기

바질은 신경 안정, 통증 완화, 이뇨 작용, 신경통, 거담제, 위경련, 소화 촉진, 살균제, 정신적 활력에 도움을 주며 식용, 테라피용 등으로 많이 쓰인다.

잎과 줄기 모두 요리에 사용할 수 있다.
말리면 달콤한 민트 향이 나지만 건조시켜 사용하는 것보다 신선한 잎을 바로 따서 사용하는 것이 좋다.
잎을 식초에 담가 샐러드 드레싱으로 사용해도 좋은 맛과 향을 낼 수 있다. 바질 페스토, 샐러드, 피자 토핑, 스파게티용에 두루 사용된다.
임산부와 민감성 피부를 가진 사람은 사용을 금하며 바질 씨앗 복용 시 충분한 수분을 섭취한다.
바질의 종류에는 스위트 바질, 레몬 바질, 다크 오팔 바질, 크리스마스 바질 등이 있다.

⑧ 차이브
- 학명: Alliumschoenoprasum
- 과명: 백합과
- 이용 부위: 잎, 줄기

차이브는 비타민 B, C와 철분이 많으며 음식에 넣으면 식욕을 자극하고, 소화를 촉진하며 빈혈 예방, 이뇨 작용, 변비 해소, 음식에 넣으면 방부 효과도 있다.
음식 조리 시 차이브의 유효 성분인 알리신은 휘발성이라 물에 담그거나 가열하면 금방 사라진다.
육류나 생선, 샐러드, 수프 등에 이용된다. 감자수프, 계란 요리를 할 경우 파슬리와 함께 잘게 다져 요리에 올리면 보기 좋은 색과 신선한 향을 즐길 수 있다. 꽃잎은 샐러드에 넣어 먹는다.
소음 체질에 좋은 음식이며 열이 많은 사람과는 잘 맞지 않는다.

⑨ 한련화
- 학명: Tropaeolummajus
- 과명: 한련화과
- 이용 부위: 잎, 꽃, 열매

한련화는 감기, 살균 효과, 소화 촉진, 혈액순환, 항균, 항염증에 도움을 주며 잎에는 비타민 C와 철분이 다량 함유되어 있다. 잎과 꽃을 차로 마시며 샐러드에는 어리고 연한 것을 따서 꽃과 함께 영양가 있는 향신채로 쓰기도 한다.
위와 장의 궤양에는 복용을 금한다.
텃밭에 많이 심기도 하는데 엄청나게 많이 번진다. 양배추, 토마토, 오이, 콩 등과 같이 텃밭에 함께 심는다.

⑩ 스테비아
- 학명: Stevia rebaudiana
- 과명: 국화과
- 이용 부위: 잎, 줄기

스테비아 잎과 줄기에는 항산화 작용을 하는 폴리페놀 성분이 들어 있다. 비만, 고혈압, 당뇨병을 치료하는 데 도움을 준다.
칼로리가 적은 천연 감미료로 잘 알려져 있으며 설탕 대용으로 각종 음료나 요리에 넣어 사용하기도 하고 차로 이용하기도 한다.
꽃이 피면 잎이 작아지게 되어 수확량이 줄어들어 잎을 수확할 때는 반드시 꽃이 피기 전에 해야 한다.

🌽 알아 두면 좋은 허브 상식

① 허브의 특성 이해하기

허브는 텃밭 작물, 도시농업적 활용 측면에서 매우 중요하다. 따라서 허브의 생육 특성을 정확히 이해하는 것은 허브를 다양하게 효과적으로 활용할 수 있는 중요한 전제가 된다.

허브는 번식 방법에 따라 영양번식과 종자번식으로 분류한다.

○ 영양번식: 삽목, 휘묻이, 포기나누기

가지를 이용한 삽목이 가장 많이 이용된다.

로즈메리, 라벤더, 민트류, 타임류, 레몬버베나, 세이지류, 제라늄류 등이 있다.

- 꺾꽂이: 로즈메리, 라벤더, 타임, 레몬밤, 세이지, 오레가노 등(대량 번식이 가능하다)
- 휘묻이: 로즈메리, 라벤더, 타임, 레몬밤, 오레가노, 세이지를 휘묻이 할 때 가지를 휘어서 지면에 대고 가지 마디에 부드러운 흙을 듬뿍 덮어 주면 금방 뿌리를 내리고 새로운 싹이 나온다.
- 포기나누기: 민트, 차이브, 레몬그라스 등 대부분의 초본성 식물들은 지하에서 뿌리줄기와 곁가지를 지니고 있어서 땅속의 원줄기 근처에 달린 곁눈이나 곁가지를 잘라서 옮겨 심으면 잘 자란다.

○ 종자번식: 플러그 트레이(50~228공), 묘상을 만들어 파종한다.

램스이어, 바질, 에키네시아, 차이브, 캣닢, 딜, 레몬그라스, 야로우, 벨

가못, 캐모마일, 스테비아, 오레가노, 차빌, 마조람, 히숍, 보리지, 파슬리 등

허브는 생육 습성에 따라 노지에서 월동이 가능한 허브, 비내한성 허브, 반내한성 허브 등으로 분류한다.
따라서 텃밭이나 체험학습용 허브 포장은 가급적 월동이 가능한 허브 위주로 식재하는 것도 좋은 방법이다.

○ 노지 월동이 가능한 허브: 오레가노, 페퍼민트, 스피아민트, 히드코트 라벤더, 로먼 캐모마일, 레몬밤, 벨가못, 탄지, 히숍, 타임, 퍼플 세이지, 야로우, 디기탈리스, 루, 타라곤, 펜넬, 캣닢, 치커리, 차이브, 보리지, 이탈리안 파슬리, 세인트존스워트 등

○ 비내한성 허브: 레몬그라스, 레몬버베나, 센티드제라늄 등
섭씨 4도 이하에서 약해지고 0도에서 말라 죽는다.

○ 반내한성 허브: 로즈메리, 스위트 마조람, 프렌치 라벤더, 프레지트 라벤더 등
영하 5~10도 사이에서 말라 죽거나 쇠약해진다.

② 요리에 사용되는 허브
- 차: 저몬 캐모마일, 로즈메리, 라벤더, 민트, 재스민 등
- 샐러드: 바질, 민트, 보리지, 팬지 등
- 아이스크림: 캐모마일, 바질, 민트, 레몬밤 등

③ 말려서 이용하기 좋은 허브
로즈메리, 오레가노, 세이지, 타임, 캐모마일, 마조람, 레몬그라스, 말로우, 민트 등이 있다

※ 출처/참고 문헌

손병남 교수, "허브의 이해" 강의, 도시농업전문가 양성 과정, 한국사이버원예대학, 2020.5.23.

도시농업전문가 과정(수료식/입학식)

농업 한류 (말레이시아 농업 자문)

베트남 농업 자문 (이상명)

베트남의 가든 조경

<한방차를 마시자>

○ 인삼차

『동의보감』에 의하면 인삼은 성질이 따뜻하고 맛이 달며 주로 오장의 기가 부족한 데 쓰인다고 한다.
기운을 돋우고 몸을 따뜻하게 하며 꾸준히 복용하면 면역력을 높여 준다.
- 작게 토막 내어 달인다.
- 1cm 이하로 잘게 썰어 물 1L에 인삼 20g을 넣고, 끓기 시작하면 약불로 1시간 30분에서 2시간쯤 끓인다.

○ 오미자차

『동의보감』에 의하면 성질은 따뜻하고 맛이 시며 허약하고 피로한 것을 보충해 주고 정력에도 좋다고 한다.
여름철에 차로 마시면 기운을 돋우어 주며 목을 많이 사용하는 사람들에게 좋으며 수험생에게도 좋다.
- 물 1L에 말린 오미자 20g을 사용한다.
- 오래 우려내면 떫고 쓴맛이 강해지므로 차로 가볍게 즐기려면 냉장고에서 24시간 정도 우려내어 약불에 10분 정도만 끓여서 물 대신 먹어도 좋다.

○ 결명자차

『동의보감』에 결명자는 눈이 아프고 눈물이 흐르는 것 등 눈병에 사용한다고 적혀 있다.
과로나 스트레스로 눈의 피로가 잦고 소화가 잘되지 않을 때 도움이 된다.
- 물 1L에 결명자 20g을 넣고 15분 정도 끓인다.
  따뜻하게 마셔도 좋고, 차게 해서 물 대신 마시는 것도 좋다.

○ 구기자차

『동의보감』에 구기자는 성질이 차고 맛은 쓰며 몹시 피로하고 숨쉬기도 힘든 것을 보하고, 힘줄과 뼈를 든든하게 하고 양기를 세게 한다고 적혀 있다.
완전히 잘 말려진 약재를 구입하도록 한다.
- 약재 시장에서 말린 구기자를 구입하거나 가정에서 잘 말린 다음 물 1L에 구기자 20g을 넣고 처음에는 중불에서 끓인 다음, 끓기 시작하면 약불로 1시간 정도 끓이면 된다.
- 1회에 약 120cc를 마신다. 1~2차례 조금씩 즐기는 것도 좋다.

○ 당귀차

『동의보감』에 당귀는 성질은 따뜻하며 맛은 달고 매우며 모든 풍병(중풍, 마비 등), 혈병(피와 관련된 질환), 허로(허약하고 피곤한 것)를 낫게 한다고 적혀 있다.
부인과의 모든 병에 사용되는 중요한 약재이다.
- 물 1L에 잘 말린 당귀 20g을 넣고 끓기 시작하면 1시간 정도 약불에 끓인다.
- 손발이 차고 생리가 늦어지는 증상이 있다면 계피를 10g 정도 추가하여 먹으면 좋고, 당귀를 먹고 소화가 잘 안되거나 설사를 하면 생강을 3쪽 넣어 같이 달여 먹는다.

○ 대추차

마음이 불안하고 신경이 예민할 때 도움이 되며, 혈액순환을 돕고 피로를 풀어 주기도 한다.
추위를 잘 타는 경우에도 즐겨 마시면 좋다.
- 1L 정도의 물을 냄비에 부은 뒤 말린 대추를 20~30g 넣고 끓기 시작하면 약불로 1시간쯤 더 끓인 다음 수시로 마신다.

○ 생강차

생강은 다른 약재들을 위장이 잘 흡수하도록 도와준다. 겨울철에 생강은 몸을 따뜻하게 해 주고 혈액순환을 촉진하는 역할을 한다. 겨울철에 추위를 탈 때, 초기 감기에 1~2일 가볍게 사용하면 좋다. 평소에 속쓰림이 있는 사람은 자주, 오래 복용하지 않아야 한다.
- 물 1L에 생강 20~40g(개인별로 조절)을 넣고 중불에서 끓이다가 끓기 시작하면 약불로 30분 정도 끓여 낸다. 1회에 120cc 정도를 따뜻하게 마신다.
- 식후에 마시며 약간의 꿀을 넣어도 좋다.

○ 환절기: 황기 4g + 당귀 4g + 감초 2g + 생강 6g

○ 기운 없을 때: 인삼 10g + 백출 10g + 감초 10g + 백복령 10g

○ 손발이 찰 경우: 인삼 16g + 당귀 10g + 계피 10g

○ 감기 잘 걸리는 경우: 황기 10g + 길경 6g + 맥문동 6g + 오미자 6g + 감초 4g

○ 초기 감기: 생강 6g + 백출 6g + 귤피 4g + 감초 2g + 소엽 8g + 향부자 8g

○ 호흡기 보호: 길경 12g + 맥문동 12g + 오미자 6g

<공기정화식물>

○ 로즈메리
- 허브의 대명사로 향기가 좋으며, 공부방이나 거실에 배치한다.
- 톨루엔, 포름알데히드 제거 능력이 탁월하다.
- 음이온, 습도 발생량도 우수하다.
- 햇빛이 부족한 실내에서는 잘 자라지 않으므로 새로운 화분으로 자주 갈아 준다.

○ 관음죽
- 암모니아 제거 효과가 탁월하다.
- 어두운 곳에서도 잘 견디기 때문에 화장실에 배치한다.

○ 심비디움(음이온, 습도 발생량 최고)
- 창가, 베란다에 배치한다.
- 실내에서 기를 때 낮에는 햇볕이 들고 통풍이 잘되며, 밤에는 시원하고 수분이 충분해야 한다.

○ 산호수
- 음이온 발생량이 우수하다.
- 집중력과 실내 습도를 높일 수 있어 공부방에 배치한다.

○ 남천
- 공기정화 식물로 가치가 높다.
- 새집 증후군 원인 물질 포름알데히드 제거 능력이 우수하다.
- 거실, 베란다에 배치한다.

○ 벤자민고무나무
- 아황산가스 등 배기가스 제거에 효과적이다.
- 현관에 배치하면 좋다.

○ 스킨답서스
- 일산화탄소 제거에 효과적이다.
- 어두운 곳에서도 잘 자라고 주방에 배치한다.

당신이 올해 안에 가 봐야 할 곳

구름이 내게 묻는다
어디쯤 가고 있나요?
여기는 어디인가요?
마음이 대답한다
당신이 올해 안에 가 봐야 할 곳
생애 처음 한 소녀를 사랑했던 추억과
부끄럽지 않게 세상과 대면할 수 있는 용기
그리고
오랫동안 잊고 살았던
따스한 엄마 품속으로
그리움 한 사발 담고……

4) 치유농업(Agro-healing)

웰빙과 힐링의 時代!
종합적 삶의 質(quality of life) 향상은 안전 먹거리 확보, 고품질 농산물 생산, 자연환경 보호 등 전통적인 농업 가치의 확대는 물론 새로운 미래 농업의 가치를 요구하고 있다.

바로 웰빙과 힐링의 농업적 버무림, 치유농업(Agro-healing)이다.

치유농업이란 국민의 건강 회복 및 유지·증진을 도모하는 치유 기능에 이용되는 다양한 농업·농촌 자원과 이와 관련한 연구 및 활동을 통하여 사회적 또는 경제적 부가가치를 창출하는 산업을 의미하며 농업이 갖고 있는 다원적 부가가치의 하나로 볼 수 있다.
치유농업의 대표적 가치(녹색치유)는 신체 활동으로 인한 육체적 건강과 함께 우울과 스트레스 감소, 폭력성 감소, 정서 안정, 자존감 증가, 생명 존중, 가족 구성원 간 공감 및 신뢰 형성, 도시와 농촌의 상생, 관광 및 휴식, 전원생활 공간 제공 등 심리적, 사회적, 인지적 건강을 제공해 준다.
치유농업을 통한 사회경제적 유발 효과뿐 아니라 새로운 일자리 창출까지 친다면 전방위적인 시너지효과가 기대된다.
치유농업은 네덜란드, 이탈리아 등 유럽에서 시작되었으며 네덜란드에서는 치유농업을 하는 케어팜(care farm)이 1,100곳 넘게 운영되고 있으며 연간 2만 명 이상이 이용하고 있다.
치유농업의 기본 모델로 후버 클라인 마리엔달(Hoeve Klein Mariendaal)

을 대표적 모범 사례로 꼽을 수 있다.

2009년 설립된 후버 클라인 마리엔달(마리엔달의 작은 농원)은 정신, 신체장애가 있는 사람들, 치매 초기 노인, 장기 실업자, 뇌 손상자 등을 전문 케어하는 서비스를 프로그램으로 추진하며 케어 서비스 제공 80%, 농작물 판매, 레스토랑 운영 수익 20% 등 지속적인 수익 창출 구조로 이루어져 있으며 연간 수익은 50만 유로(6억 원) 정도 된다.

이탈리아는 농업에 고용을 결합한 사회적 농업 형태로 발전하였다.

최근 우리나라도 치유농업 육성 지원의 法律的 근거가 마련되면서 앞으로 치유농업은 정책적, 제도적으로 새롭게 발전할 수 있는 계기를 마련하였다.

지금까지의 치유농업은 원예치료, 도시농업, 교육농장, 농업·농촌을 활용한 다양한 어매니티(amenity) 등 농업의 다양한 치유 기능을 활용한 프로그램 위주로 진행되어 왔으나 앞으로는 치유농업의 산업화를 위한 기술개발과 치유농업 자격제도 및 전문인력양성, 창업지원 등 독자적인 농업의 한 분야로 발전할 수 있을 것이다.

치유농업을 발전시키기 위해서는 무엇보다 치유농업(치유농장, 교육농장, 사회적 농장 등) 시설 확대 및 보완이 시급하다.

기존의 교육농장 및 체험 마을을 보완하여 활용하는 것도 좋은 방법이다. 이와 함께 치유농업 프로그램을 체계적으로 수행할 우수한 치유농업서비스를 개발, 보급하여야 한다.

또한 전문적인 업무를 수행할 수 있는 치유농업사를 제도적으로 양성하여 장기적이고 체계적인 시스템을 갖추어야 한다.

치유농업은 이용자의 치유 효과와 안전을 고려한 적법한 치유농업시설, 최적의 치유농업서비스, 전문 자격과 스킬을 갖춘 치유농업사 3대

핵심 주체가 統合的으로 각각의 기능을 최적화시킬 수 있을 때 더욱더 발전할 수 있을 것이다.

치유농업 육성 지원의 法律的 근거가 마련되었기 때문에 각 지방자치단체는 條例나 規則으로 지역 실정에 맞게 치유농업 발전을 위한 다양한 콘텐츠를 준비하고 계획하여 장기적으로 운영하는 것도 매우 중요한 일이라고 생각한다.

현재 전국적으로 치유농업 교육훈련 프로그램이 지자체별로 진행되고 있지만 프로그램 과정 및 내용의 보완, 전문적인 능력을 갖춘 치유농업사의 채용, 치유농업 관련 공무원 교육, 치유농업을 이용한 농가 수익 창출 모델 구축 등 종합적 검토 과정이 필요하다.

치유농업(Agro-healing)은 아름답고 긍정적인 우리 농업의 미래가치이다.

치유농업 연구개발 및 육성에 관한 법률(치유농업법)

시행 2021.3.25./제정 2020.3.24.

제1장 총칙

제1조(목적)

이 법은 치유농업 연구개발 및 육성에 관한 사항을 정하여 농업·농촌 자원을 활용한 치유농업을 활성화함으로써 국민의 건강증진과 삶의 질 향상 및 농업·농촌의 지속가능한 성장에 이바지함을 목적으로 한다.

제2조(정의)

이 법에서 사용하는 용어의 뜻은 다음과 같다.

① "치유농업"이란 국민의 건강 회복 및 유지·증진을 도모하기 위하여 이용되는 다양한 농업·농촌자원(이하 "치유농업자원"이라 한다)의 활용과 이와 관련한 활동을 통해 사회적 또는 경제적 부가가치를 창출하는 산업을 말한다.

② "치유농업시설"이란 치유농업과 관련된 활동을 할 수 있도록 이용자의 치유효과와 안전을 고려하여 적합하게 조성한 시설(장비를 포함한다)을 말한다.

③ "치유농업서비스"란 심리적·사회적·신체적 건강을 회복하고 증진시키기 위하여 치유농업자원, 치유농업시설 등을 이용하여 교육을 하거나 설계한 프로그램을 체계적으로 수행하는 것을 말한다.

④ "치유농업사"란 치유농업 프로그램 개발 및 실행 등 대통령령으로 정하는 전문적인 업무를 수행하는 자로서 제11조 제1항에 따라 자격을 취득한 자를 말한다.

제3조(국가 및 지방자치단체의 책무)

① 국가와 지방자치단체는 치유농업 연구개발 및 육성에 필요한 기반을 조성하기 위하여 관련 시책을 수립·시행하여야 한다.

② 국가와 지방자치단체는 제1항에 따른 시책의 수립·시행에 필요한 기술적·재정적 지원 방안을 마련하여야 한다.

제4조(다른 법률과의 관계)
치유농업 연구개발 및 육성에 관하여는 다른 법률에 특별한 규정이 있는 경우를 제외하고는 이 법에서 정하는 바에 따른다.

제2장 치유농업 연구개발 및 육성 종합계획 등

제5조(종합계획의 수립 등)
① 농촌진흥청장은 치유농업을 육성하기 위하여 5년마다 치유농업 연구개발 및 육성에 관한 종합계획(이하 "종합계획"이라 한다)을 수립하여야 한다. 이 경우 「국가과학기술자문회의법」에 따른 국가과학기술자문회의의 심의를 거쳐야 한다.

② 종합계획에는 다음 각 호의 사항이 포함되어야 한다.
1. 치유농업의 현황 및 전망
2. 치유농업의 연구개발 및 육성에 대한 기본 방향과 중장기 목표
3. 치유농업의 연구개발 및 육성을 위한 중장기 투자계획
4. 치유농업 관련 기술보급 및 국제협력에 관한 사항
5. 치유농업 관련 교육훈련 및 전문인력양성에 관한 사항
6. 치유농업 관련 기술의 사업화 촉진에 관한 사항
7. 치유농업 관련 정보교류, 산업 간 연계에 관한 사항

8. 그 밖에 농촌진흥청장이 치유농업 연구개발 및 육성을 위하여 필요하다고 인정하는 사항

③ 농촌진흥청장은 종합계획에 따라 연도별 시행계획(이하 "시행계획"이라 한다)을 수립·시행하여야 한다.

④ 농촌진흥청장은 종합계획의 수립을 위하여 필요한 경우에는 관계 중앙행정기관과 지방자치단체의 장 및 관계 기관·단체의 장에게 자료의 제출을 요청할 수 있다. 이 경우 자료의 제출을 요청받은 관계 중앙행정기관과 지방자치단체의 장 및 관계 기관·단체의 장은 특별한 사정이 없으면 이에 따라야 한다.

⑤ 농촌진흥청장은 종합계획 또는 시행계획을 수립하였거나 변경하였을 경우에 관계 중앙행정기관의 장과 지방자치단체의 장에게 알리고, 지체 없이 국회 소관 상임위원회에 제출하여야 한다. 다만, 대통령령으로 정하는 경미한 사항을 변경하였을 경우에는 그러하지 아니하다.

⑥ 종합계획 또는 시행계획의 수립절차 등에 관하여 필요한 사항은 대통령령으로 정한다.

제6조(실태조사)
① 농촌진흥청장은 치유농업 연구개발 및 육성에 필요한 시책을 수립·시행하기 위하여 치유농업에 대한 실태조사(이하 "실태조사"라 한

다)를 실시하여야 한다.

② 농촌진흥청장은 제1항에 따른 실태조사를 위하여 필요한 경우에 연구기관 및 단체 등에 자료의 제출이나 의견 진술을 요청할 수 있다.

③ 제2항에 따른 자료의 제출이나 의견 진술을 요청받은 연구기관 및 단체 등은 특별한 사유가 없으면 이에 따라야 한다.

④ 제1항에 따른 실태조사의 범위·방법 및 결과의 공개 등 그 밖에 필요한 사항은 농림축산식품부령으로 정한다.

제7조(치유농업 정보망 구축 및 운영)
농촌진흥청장은 치유농업에 관한 정보와 자료 등을 수요자에게 효율적으로 전달하기 위하여 치유농업 정보망을 구축·운영하여야 한다.

제3장 치유농업 연구개발·보급 등

제8조(연구개발·보급 등)
① 농촌진흥청장은 치유농업의 활성화를 위하여 다음 각 호의 연구개발·보급 등을 추진하여야 한다.
1. 치유농업 정책 및 제도에 관한 연구
2. 치유농업자원, 치유농업시설, 치유농업 프로그램 등 치유농업 관련 기술의 개발과 그 효과 검증 연구

3. 치유농업 관련 기술의 사업화 연구
4. 치유농업서비스의 현장 적용을 위한 보급 및 시범사업
5. 치유농업서비스의 품질, 안전관리, 전문인력양성 및 교육에 관한 연구
6. 그 밖에 농촌진흥청장이 치유농업 연구개발 및 보급에 필요하다고 인정하는 사항

② 농촌진흥청장은 제1항에 따라 개발된 기술의 사업화를 촉진하기 위하여 필요한 시책을 추진할 수 있다.

③ 농촌진흥청장은 치유농업시설의 이용자에 대한 안전 및 위생 관리를 위하여 치유농업시설의 운영자에게 농림축산식품부령으로 정하는 바에 따라 안전·위생교육을 실시할 수 있다.

④ 제1항 각 호에 따른 연구개발·보급 등을 추진하기 위해 필요한 사항은 대통령령으로 정한다.

제9조(창업지원 등)

① 농촌진흥청장은 치유농업 관련 기술을 사업화하거나 창업을 하고자 하는 자에게 다음 각 호의 지원을 할 수 있다.
1. 치유농업 관련 기술 등 연구개발 성과의 제공
2. 치유농업서비스 제공을 위한 장비와 시설의 설치 및 운영에 필요한 자금 지원
3. 창업에 필요한 전문 기술, 법률 등에 관한 컨설팅

② 농촌진흥청장은 제1항 각 호에 따른 지원을 할 경우에 「농어업경영체 육성 및 지원에 관한 법률」 제2조 제3호에 따른 농업경영체를 우대할 수 있다.

제10조(지방자치단체의 치유농업 관련 사업 수행)
① 지방자치단체의 장은 치유농업을 육성하고 그 발전기반을 마련하기 위하여 다음 각 호의 사업을 수행할 수 있다.
1. 지역의 치유농업자원을 활용한 치유농업 관련 기술개발·보급
2. 지역별 특화 치유농업서비스 제공
3. 지역별 특화 치유농업서비스 관련 교육·체험·홍보시설의 설치 및 운영
4. 제9조 제1항 각 호의 창업지원 등에 관한 사항
5. 그 밖에 지방자치단체의 장이 필요하다고 인정하는 사업

② 농촌진흥청장은 제1항의 사업에 필요한 비용을 예산의 범위 내에서 지원할 수 있다.

③ 지방자치단체의 장은 소속 지방농촌진흥기관(「농촌진흥법」 제3조에 따른 지방농촌진흥기관을 말하고, 이하 "지방농촌진흥기관"이라 한다)으로 하여금 제1항에 따른 업무를 수행하게 할 수 있다.

제4장 치유농업사의 자격 취득 및 양성 등

제11조(치유농업사의 자격 취득 등)
① 치유농업사가 되려는 자는 제13조 제1항에 따른 치유농업사 양성

기관에서 교육을 이수한 후 농촌진흥청장이 실시하는 치유농업사 자격시험에 합격하여야 한다.

② 치유농업사 자격시험의 응시자격, 시험과목 등 시험에 필요한 세부적인 사항은 대통령령으로 정한다.

③ 다음 각 호의 어느 하나에 해당하는 자는 치유농업사가 될 수 없다.
1. 피성년후견인 또는 피한정후견인
2. 금고 이상의 형을 선고받고 그 집행이 종료되거나 집행을 받지 아니하기로 확정된 후 2년이 경과되지 아니한 사람
3. 금고 이상의 형의 집행유예를 선고받고 그 유예기간 중에 있는 사람
4. 법원의 판결 또는 법률에 따라 자격이 상실되거나 정지된 사람

④ 이 법에 따라 자격을 취득한 자가 아니면 치유농업사 명칭 또는 이와 비슷한 명칭을 사용하지 못한다.

⑤ 치유농업사의 자격증을 다른 사람에게 빌리거나 빌려주거나 이를 알선하는 행위를 하여서는 아니 된다.

⑥ 치유농업사의 자격증 발급·재발급의 절차 및 관리에 필요한 사항은 농림축산식품부령으로 정한다.

⑦ 국가와 지방자치단체가 치유농업서비스를 제공하거나 치유농업 관련 교육을 실시하려면 대통령령으로 정하는 바에 따라 치유농업사

를 배치하여야 한다.

제12조(치유농업사의 자격 취소 등)
① 농촌진흥청장은 치유농업사가 다음 각 호의 어느 하나에 해당하면 그 자격을 취소하거나 3년의 범위에서 자격정지를 명할 수 있다. 다만, 제1호, 제2호 또는 제3호에 해당하는 경우에는 치유농업사의 자격을 취소하여야 한다.
1. 거짓이나 그 밖의 부정한 방법으로 치유농업사의 자격을 취득한 경우
2. 제11조 제3항 각 호에 따른 결격사유에 해당하게 된 경우
3. 자격정지기간에 업무를 수행한 경우
4. 제11조 제5항을 위반하여 치유농업사 자격증을 빌려준 경우
5. 제11조 제5항을 위반하여 치유농업사 자격증의 대여를 알선한 경우

② 제1항에 따른 치유농업사의 자격 취소 또는 자격정지에 관한 세부적인 기준은 대통령령으로 정한다.

제13조(치유농업사 양성기관의 지정 등)
① 농촌진흥청장 또는 특별시장·광역시장·특별자치시장·도지사·특별자치도지사(이하 "시·도지사"라 한다)는 치유농업사를 양성하기 위하여 대통령령으로 정하는 바에 따라 지방농촌진흥기관, 「고등교육법」 제2조에 따른 대학 또는 대학 부설 기관 등을 치유농업사 양성기관(이하 "양성기관"이라 한다)으로 지정할 수 있다.

② 국가와 지방자치단체는 양성기관에 대하여 예산의 범위 내에서 치유농업사 양성에 필요한 경비의 전부 또는 일부를 지원할 수 있다.

③ 제1항에 따른 지정의 절차, 교육의 내용 등 그 밖에 양성기관 지정에 필요한 세부적인 사항은 농림축산식품부령으로 정한다.

제14조(양성기관 지정의 취소 등)
① 농촌진흥청장 또는 시·도지사는 양성기관이 다음 각 호의 어느 하나에 해당하는 경우에는 농림축산식품부령으로 정하는 바에 따라 지정을 취소하거나 시정을 명할 수 있다. 다만, 제1호에 해당하면 그 지정을 취소하여야 한다.
1. 거짓이나 그 밖의 부정한 방법으로 지정을 받은 경우
2. 지정요건에 적합하지 아니하게 된 경우
3. 그 밖에 대통령령으로 정하는 사항을 위반한 경우

② 농촌진흥청장은 제1항에 따라 지정이 취소된 자(법인인 경우에는 그 대표자를 포함한다)에 대하여는 그 지정이 취소된 날부터 1년 이내에 양성기관으로 지정하여서는 아니 된다.

제5장 보칙

제15조(청문)
농촌진흥청장은 다음 각 호의 어느 하나에 해당하는 처분을 하려면 청문을 하여야 한다.

1. 제12조 제1항에 따른 치유농업사 자격의 취소 또는 정지
2. 제14조 제1항에 따른 양성기관의 지정 취소

제16조(권한 또는 업무의 위임·위탁)
① 농촌진흥청장은 이 법에 따른 권한의 일부를 대통령령으로 정하는 바에 따라 소속기관의 장, 시·도지사 또는 시장·군수·구청장(자치구의 구청장을 말한다. 이하 같다)에게 위임할 수 있다.

② 농촌진흥청장은 이 법에 따른 업무의 일부를 대통령령으로 정하는 바에 따라 관련 법인 또는 단체에 위탁할 수 있다.

③ 시·도지사는 제1항에 따라 위임받은 업무의 일부를 농촌진흥청장의 승인을 받아 시장·군수·구청장 또는 관련 법인·단체에 재위임 또는 위탁할 수 있다.

제6장 벌칙

제17조(벌칙)
다음 각 호의 어느 하나에 해당하는 자에게는 1천만원 이하의 벌금에 처한다.

1. 제11조 제1항을 위반하여 거짓이나 그 밖의 부정한 방법으로 치유농업사의 자격을 취득한 자

2. 제11조 제5항을 위반하여 치유농업사 자격증을 빌리거나 빌려주거나 이를 알선하는 행위를 한 자
3. 거짓이나 그 밖의 부정한 방법으로 제13조 제1항에 따라 양성기관으로 지정받은 자

제18조(과태료)
① 다음 각 호의 어느 하나에 해당하는 자에게는 500만원 이하의 과태료를 부과한다.
1. 제11조 제3항을 위반하여 치유농업사 자격을 취득한 자
2. 제11조 제4항을 위반하여 치유농업사 명칭을 사용하거나 이와 유사한 명칭을 사용한 자

② 제1항에 따른 과태료는 대통령령으로 정하는 바에 따라 농촌진흥청장 또는 시·도지사가 부과·징수한다.

부칙 〈제17100호, 2020. 3. 24.〉
이 법은 공포 후 1년이 경과한 날부터 시행한다.

치유정원 디자인 실무 과정

치유정원 디자인 실무 이론 강의

치유정원 디자인 실무 과정 수료

치유정원 디자인 실무 실습

 **치유농업 프로그램의 예시**

웰빙과 힐링 도시, 충주 시민을 위한 치유농업교실 운영

1. 목적: 다양한 치유농업 교육 및 프로그램 운영을 통한 시민의 육체적, 심리적, 사회적 건강 등 통합적 가치 실현

2. 운영 기간: 2021년 2월~12월(총 20회)

3. 운영 장소: 충주시농업기술센터 등

4. 대상: 충주 시민(어린이집, 학생, 장애우의 집, 치매 어르신 등)

5. 인원: 50명 내외(1회 교육)

6. 프로그램 내용(인문학, 텃밭, 원예치료, 치유농업, 귀농귀촌 등)

- 이론: 특강(행복의 人文學)/행복한 나를 찾아서!
  행복한 귀농귀촌을 위하여
  텃밭, 원예치료, 도시농업, 치유농업, 귀농귀촌 등

- 실습: 나는 도시 농부다! 주말-n 농업기술센터에서 놀자!
 생활 원예 교실, 나만의 창작 교실(추억을 쓰고 사랑을 그리다), 웰빙과 힐링의 건강 밥상 project 등

○ 미주알고주알(종합 평가 및 Feedback)

마음의 혁명

우리 농업의 미래가치, 어떻게 바라볼 것인가?

매일 밥상에 오르는 일상의 반찬처럼 웰빙과 힐링이라는 단어는 언제부터인가 우리 사회를 지칭하는 대명사가 되었다.

웰빙과 힐링, 그리고 종합적 삶의 質(quality of life) 향상을 위한 전제로 안전 먹거리, 고품질 농산물 생산을 위한 농업은 더욱더 중요시되고 있으며 최근 우리 농업의 화두 중 가장 핫한 키워드는 누가 뭐래도 농업의 공익적 가치와 공익형 직불제의 시행이다.

미래 농업과 생태계를 보호하고 지속 가능한 우리 농업의 발전을 위해서 농업의 공익적 가치를 실현하고 헌법에 명문화하는 일은 매우 바람직한 일이라 생각된다.

하지만 공익형 직불제는 쌀 소득 안정 대책 및 충분한 예산 확보, 보다 구체적인 시행 방법 등 보완책이 있어야 할 것이다.

공익형 직불제, 농업 생산성 향상, 국제 경쟁력 제고 등 우리 농업을 발전시키기 위해 중요한 것은 미래 농업이 담아내야 할 기본 가치이다.

이러한 가치는 농업의 가치지향적(value-oriented) 統合的 接近(Integrated approach)으로 설명될 수 있다.

농업의 가치는 넓은 의미에서 공익적 가치, 경제적(시장) 가치, 다양한 부가가치로 나누어 볼 수 있다.

공익적 가치는 식량 안보(식량 기지), 생태계 및 환경 보전, 자연재해 예방, 국토 균형 발전, 전통문화, 농촌 경관 유지 등 매우 광범위하며 1994년 UR 타결 이후 지속적으로 논의되어 오고 있다.

특히 농지개혁 이후 농지를 보호하고 수도작 중심의 농업 추진을 위해서 홍수조절, 토양유실 방지, 저수, 대기정화기능 등은 그 핵심축을 담당했다.

경제적(시장) 가치는 산업으로서의 가치이며 농산물 생산을 통한 무역적 기능이 중심이 된다.

농업의 부가가치는 매우 다양하다.

예를 들면 원예치료, 도시농업에 기반을 둔 치유농업(Agro-healing), 사회적으로 불리한 처지에 있는 사람들을 끌어안아 자립할 수 있도록 도와주는 사회적 농업(Social Farming), 교육농장, 농업, 농촌을 활용한 다양한 어매니티(amenity) 등이다.

농업의 가치지향적(value-oriented) 統合的 接近(Integrated approach)이란 농업의 공익적 가치를 헌법에 명문화하고 공익적 가치, 경제적(시장) 가치, 다양한 부가가치를 정책분석(policy analysis) 단계에서 국토 균형발전, 개발과 보전의 양 축에서 법률적으로 검토하여 구체적으로 농림 행정에 반영하는 것을 의미한다.

즉, 국가 정책적으로 농업의 중요한 가치를 재인식하고 장기적, 제도적, 법적 측면에서 농업을 발전시키기 위한 통합적인 노력이 전제되어야 한다는 것이다.

농업의 가치지향적(value-oriented) 統合的 接近(Integrated approach)과 병행해야 할 중요한 또 하나의 초점은 영세한 농가 호당 경지면적, 낮은 식량 자급률, 농촌 고령화, 보조금 정책 개선의 필요성 등 우리 농업이 당면한 현실을 명확히 인식하고 농산업을 둘러싼 여러 가지 환경 변화(시장개방, 정보통신(ICT)의 융합으로 이루어진 4차 산업 혁명, 1~2인 가구 증가, 노인 단독 가구 증가, 간편식 증가,

여성 경제 참여율 증가 등 트렌드 변화, 귀농귀촌 활성화, 종자산업의 중요성 증가, 치유농업, 사회적 농업 등 농업의 다원적 기능 증가)에 탄력적이고 체계적으로 대응해야 한다는 것이다.

농업의 가치지향적(value-oriented) 統合的 接近(Integrated approach) 총론적 바탕 위에 농산업을 둘러싼 다양한 환경 변화에 적시적이고 탄력적으로 대응하기 위한 각론적 방법의 구체화가 미래 농업의 성패를 좌우할 것이다.

"농업은 향후 가장 유망하고 잠재력이 뛰어난 산업 중의 하나다."
짐 로저스의 말은 바로 우리 농업이 갖고 가야 할 미래가치를 함축하는 말인 듯싶다.

1) 귀농귀촌 핵심 지원사업

現在 귀농귀촌 사업은 농어업 창업 및 주택 구입 지원, 귀농인 선도 실습, 체류형 농업창업지원센터, 도시민 농촌유치지원사업, 귀농인의 집, 귀농귀촌 교육 등 다양하게 전개되고 있다.
귀농귀촌 지원사업을 구체적으로 알아보기 전에 귀농귀촌의 중요한 전제 조건을 알아보자.

행복하고 성공적인 귀농귀촌을 위해서는 두 가지(two track) 전략이 전제되어야 할 것이다.
가장 중요한 것은 인생의 가치적 측면에서 행복한 삶을 이끌어 낼 수 있는 마음가짐이며 두 번째는 이러한 마음가짐을 현실적이고 구체적으로 농업, 농촌의 현장에서 풀어내는 작업이다.
먼저 철저한 사전 준비 절차를 거쳐야 한다. 농업, 농촌을 이해하고 정말로 행복한 촌뜨기로 녹아들기 위해 노력해야 하고 정착 과정에서 가족 간의 사랑을 실천하고 이웃과의 갈등, 외로움 등 눈앞에 다가선 장애들을 웃으면서 극복할 수 있어야 한다.
웃으면서 극복한다는 의미는 즐겨야 성공할 수 있다는 다른 의미의 표현이다.
즉 귀농귀촌의 과정에서 겪는 수많은 시행착오를 고통스럽게 받아들이지 말고 긍정적으로 받아들여 자신의 장점으로 소화시켜야 한다.

※ 귀농귀촌의 정의

* 귀농인
도시지역에서 1년 이상 주민등록이 되어 있던 자가 농업인이 되기 위해 농촌지역으로 전입한 지 5년 이내인 자
농업 경영체에 등록한 사람(도시 2년 이내)
※ 농촌지역에 거주하는 자 중 농업인이 되고자 하는 경우 귀농인 인정(2019.7.1.부터 적용)

애매한 부분이 많아 세부적인 지침을 가지고 해석해야 할 사항이며 본인이 귀농인에 해당하는가를 정확히 알려면 초본(주소 이력 포함)을 가지고 귀농귀촌 팀에 상담하면 된다.

* 귀촌인
도시지역에서 농촌지역으로 주민등록 전입신고를 하고 전원생활을 하는 자
※ 토지이용규제정보서비스를 이용하면 지역의 상세한 내역을 알 수 있다.

📋 귀농 농업창업 융자지원사업의 예시
2023년 시행 지침 개정 내용 반드시 확인하세요

○ 지원 자격(4가지 모두 충족해야 함)
- 귀농 교육 100시간 이수
(농림부, 농촌진흥청, 산림청 등 지자체가 주관, 위탁하는 귀농·영농 교육)
※ 사이버교육(온라인)은 참여 시간의 50% 내에서 최대 40시간까지만 인정
※ 영농 종사 경력 6개월 이상 제외: 농고·농대 졸업자는 40세 미만이거나, 40세 이상인 경우는 졸업일로부터 5년까지만 인정
- 농지 1,000㎡ 이상 경작자(예정자 포함)
- 1년 이상 도시지역 거주 후 농촌지역 전입 5년 이내이거나 농촌지역에 거주하는 사람 중 최근 5년 이내 영농 경험이 없는자로서 지원 기준에 해당하는 사람(재촌 비농업인)
- 신용상 금융거래에 이상 없는 만 65세 이하 세대주

○ 사업 내용: 영농 기반(농지 구입), 농식품 제조, 가공 시설 신축·구입(수리) 등

○ 대출 금액: 3억 한도(고정 연 1.5 % 또는 변동 중 선택, 5년 거치 10년 상환)
중도 상환 수수료 없음

○ 신청 기한: 상, 하반기(2회)

○ 제외 대상
- 타 산업 분야 직업, 사업자등록증 소지자
- 전년도 농업 외 소득이 3,700만 원 이상인 자 등
- 농업을 전업으로 할 예정자에게 지원한다고 이해

○ 선정 방법: 1차(서류 심사 및 현지 확인), 2차(사업선정위원회에서 사업 계획 발표)
※ 총점(평균)이 60점 이상인 자 중 고득점자순으로 선발

위의 사항은 신청 자격일 뿐이고 선정은 별도의 사항이다.
삼림 분야에도 이와 유사한 사업이 있으므로 임야가 있는 사람은 산림조합에 문의하면 된다.

귀농 주택 구입 융자지원(매매, 신축, 증개축)

○ 지원 자격(4가지 모두 충족해야 함)
- 귀농 교육 100시간 이수
(농림부, 농촌진흥청, 산림청 등 지자체가 주관, 위탁하는 귀농·영농 교육)
※ 사이버교육(온라인)은 참여 시간의 50% 내에서 최대 40시간까지만 인정
※ 영농 종사 경력 6개월 이상 제외: 농고·농대 졸업자는 40세 미만이거나, 40세 이상인 경우는 졸업일로부터 5년까지만 인정
- 농지 1,000㎡ 이상 경작자(예정자 포함)
- 1년 이상 도시지역 거주 후 농촌지역 전입 5년 이내이거나 농촌지역에 거주하는 사람 중 최근 5년 이내 영농 경험이 없는자로서 지원기준에 해당하는 사람(재촌 비농업인)
- 신용상 금융거래에 이상 없는 세대주(나이 제한 없음)

○ 사업 내용: 주택 구입 및 신축(대지 포함), 노후주택 증·개축(대지 구입+신축 계획서 제출, 상업, 공업지역 제외, 150㎡ 이하)

○ 대출 금액: 7,500만 원 한도(고정 연 1.5 % 또는 변동 중 선택, 5년 거치 10년 상환)

○ 신청 기한: 상, 하반기(2회)

○ 제외 대상

- 타 산업 분야 직업, 사업자등록증 소지자
- 전년도 농업 외 소득이 3,700만 원 이상인 자 등
- 농업을 전업으로 할 예정자에게 지원한다고 이해

○ 선정 방법: 1차(서류 심사 및 현지 확인), 2차(사업선정위원회에서 사업 계획 발표)
※ 총점(평균)이 60점 이상인 자 중 고득점자순으로 선발

위의 두 가지 사업이 가장 핵심적인 지원사업의 내용이고 귀농 농업인 소규모 창업 자금 지원, 귀농인 농가 주택 수리비, 귀농인 경작지 임대료 지원, 귀농인의 집, 농촌에서 살아 보기 등이 있다.
지자체에 따라 조금씩 다를 수 있으므로 해당 지자체 귀농 관련 부서에서 카운슬링을 받으면 된다.

가. 귀농귀촌 기본상식 알아 두기

 농지

농지는 「헌법 제121조 1항(경자유전의 원칙과 농지소작제 금지)」에 근거를 두고 있으며 국토 면적의 약 17%를 차지하고 있다. 농지는 농업인, 농업 법인(영농 조합, 농업 회사), 농업인이 될 자가 소유할 수 있으며 초지, 목장용지, 관상용 수목이 식재된 곳은 농지가 아니다. 일반적으로 부동산은 등기주의를 원칙으로 하는데 농지취득자격증명은 농업 경영 계획서를 작성한다. 축사 부지는 2007년 이전에는 농지가 아니었으나 그 이후는 농지로 본다.

① 농지 구매 시 유의 사항
- 반드시 현지 확인, 소유자 확인, 경계 확인
- 정당한 사유 없이 농사를 짓지 않을 경우 농지 처분 통지 받음
- 처분하지 않을 경우 매년 이행 강제금 부과(공시 지가의 20%)

② 농지 은행
농지 매매, 임대차, 교환분합, 농지 유동화 정보관리 등을 통한 영농규모 적정화, 농지의 효율적 이용, 농업구조 개선, 농지 시장 안정 및 농업인의 소득 안정 지원을 목적으로 하며 귀농인들이 많이 이용한다.

 **농가주택**

- 구매 절차: 현지 확인 단계에서는 도로, 경치, 주변 시설, 인접 토지와의 경계를 확인하고 소유자 확인 단계에서는 건물(토지) 등기부등본, 도시계획확인원, 건축물대장, 지적도 등을 명확하게 확인한다.
상속 주택 구매 시 상속인 여부를 확인하고 토지소유자와 건축물 소유자 일치 여부, 무허가 건물 여부 등 꼼꼼히 살펴본다.
- 유의 사항: 실제 이용되는 도로는 있으나 지적도상 도로가 없는 경우 많다. 토지 거래 허가 구역인지 확인해야 하며 리모델링(개조) 가능 여부도 살펴본다.
배산임수에 기초해 뒷면에 야산이 접해 있고 포근한 느낌을 주는 남향이 좋으며 주변에 혐오시설, 위험시설이 없으며, 시야가 탁 트인 곳이며 물은 집을 기준으로 왼쪽으로 흐르는 것이 풍수에도 좋다고 한다.

① 배산임수(背山臨水), 전저후고(前低後高), 좌수(左水)

* 농업용 농막: 법적 근거 「농지법 시행규칙 3조 2항」

농작업에 필요한 농자재, 농기계 보관, 수확 농작물 간이 처리, 또는 일시 휴식 시설을 위하여 설치하는 시설로 주거 목적이 아닌 것이며 연면적 20㎡ 이하(6평)이며 전기, 수도, 가스는 타 법령에 저촉되지 않고 주거 목적이 아니면 가능하다. 해당 농지 읍면에 가설 건축물 신고 후 설치하면 된다.

* 농업인

농업에 종사하는 자로 다음 사항에 해당되어야 한다(「농지법 제2조」 등).

- 1,000㎡ 이상의 농지에서 농작물 또는 다년생식물을 경작 또는 재배하거나 1년 중 90일 이상 농업에 종사하는 자
- 농지에 330㎡ 이상의 고정식 온실, 버섯 재배사, 비닐하우스 기타 농업 생산에 필요한 시설을 설치하여 농작물 또는 다년생식물을 경작 또는 재배하는 자
- 대 가축 2두, 중 가축 10두, 소 가축 100두, 가금 1,000수, 또는 꿀벌 10군 이상을 사육하거나 1년 중 120일 이상 축산업에 종사하는 자
- 농업경영을 통한 농산물의 연간 판매액이 120만 원 이상인 자
- 농산물 가공, 유통, 판매에 1년 이상 종사한 자

② 농업인(조합원)이 되면
정책 지원, 영농자금, 농업용 전기, 면세유, 조세 우대 등 혜택
(농지원부-농업경영체 등록-조합원)

* 영농법인제
「농어업경영체 육성 및 지원에 관한 법률」 제16조에 따라 설립된 영농조합법인과 동법 제19조에 따라 설립되고 업무 집행권을 가진 자 3분의 1 이상이 농업인인 농업회사법인을 말한다.
- 국고보조사업은 농업법인을 우선 지원
  농업법인은 영농조합법인(5인)과 농업회사법인(상법상 규정에 의함)이 있음
- 농림수산부 농수산사업 시행 지침서에 의하면, 법인 설립 1년 이상, 법인 적립금 1억 이상 조직원은 5인 이상의 농업인으로 구성해야 하는 것이 필수(지원사업별 조건 준수)

- 정부 보조 사업의 수혜 목적이 크다면 5인 이상의 영농조합법인을 구성하는 것이 좋으며 농협 지원은 작목반 구성도 좋은 방법이 될 것이다.
- 가까운 농업기술센터나 농협에서 상담 가능

※ 위에서 열거한 귀농귀촌 지원사업의 내용이나 지침은 수시로 바뀔 수 있으므로 창업 자금을 신청하기 전에 반드시 귀농귀촌 담당 부서와 상담하시길 미리 말씀드린다.

이견(異見)이 있을 수 있는 부분은 참고만 하시길 당부드린다.

* 임야 취득 시 유의 사항
- 산지 구분: 산지는 크게 보전 산지와 준보전 산지로 분류한다.
 보전 산지는 다시 공익용(재해 방지, 생태계 및 경관 보전 보건 휴양 등 공익 기능용) 산지와 임업용 산지로 나누며, 임업용 산지는 귀농자가 이용할 임야로 이해하면 된다.
- 임야 개발은 평균 경사도 25도 미만(지자체마다 기준 상이)
 개발 가능한 임야의 입목축적, 입목본수도 확인
 고도 제한, 진입도로, 임도(정식 도로 아님), 묘지 확인
 나무의 종류, 토질, 방향, 지하수 등 기타

* 좋은 집터 고르기
- 도로 확인(지적도상, 현황도로 모두 있는 곳), 남향
- 뒷면에 완경사지의 야산이 접해 있고 포근한 느낌이 있는 곳
- 주변에 혐오시설, 위험 시설이 없고 시야가 탁 트인 곳
- 도로에서 300m 이상 떨어진 곳으로 지대가 약간 높은 곳

③ 귀농인 정착 교육 온라인 과정(100시간 채우기)
- 온라인교육 80시간 이수 시 40시간 인정
- 귀농귀촌종합센터(http://www.returnfarm.com)→교육정보→온라인교육(농업교육포털 회원가입)
- 농업교육포털(http://agriedu.net/)→수료 확인서 출력
  교육 시간 100시간(집합 60시간+온라인 40시간)으로 채우면 효과적(충주농기센터 귀농 교육 2주/60시간 참고)

그네 의자의 사랑

나의 그리움은 산을 넘지 못했고
너의 사랑은 바다를 건너지 못했다
별빛이 눈물처럼 쏟아지던 날
마침내 우리의 사랑은 진달래꽃으로 피어
봄비처럼 세상을 적시었다

내게 얼마만큼의 사랑이 더 필요할까?

미친 그리움은 중력처럼 너를 끌어당기고 있었고
다시 내게 올 거란 걸 알았지만
앉아서 기다리기엔
사랑의 계절은 너무 슬펐다

나. 해외 귀농 사례(대만)

대만의 특별한 귀농 사례

대만은 한국과 농업, 농촌 현실이 비슷하게 농업의 고령화가 진행되고 있으며 겸업농이 70%를 차지하고 있다.

대만은 휴경지를 활성화하는 정책과 소규모 농지의 지주들을 묶어서 대규모로 임대하는 소지주대전농 정책을 시행하고 있다.

농촌 정책으로는 농촌지역 재생, 생활환경 개선의 중점 지원, 농업 인력의 전문성을 높이기 위한 교육 지원을 들 수 있다.

대만 귀농 정책의 특별한 형태로 젊은이들이 농촌지역사회의 회복을 주면서 농업, 농촌을 이해하고, 참신한 아이디어와 기술로 아름다운 농촌을 건설하도록 유도하기 위해 대학생 귀농 지원 프로젝트(대학생 농촌 회유)를 활발하게 전개하고 있다.

대학생 농촌 회유는 농촌 체험을 할 수 있는 농(農)STAY, 협력 실천을 할 수 있는 경연, 지속적 혁신을 할 수 있는 2차 경연, 최종적으로 사회 기업을 만드는 과정을 거친다.

청년을 농촌으로 유인하기 위한 프로그램으로 농촌 회유와 함께 청년 귀농귀촌 드림 계획이 있다.

드림 계획은 청년 귀농귀촌 지원과 농촌 재생 및 농업 종사를 장려하고 농촌에 새로운 활력을 주도록 하는 프로그램이다.

다. 귀농귀촌을 위한 건강관리

베이비부머세대 은퇴가 가속화되고, 기대수명 증가로 장년, 노년층의 귀농이 늘어나고 있다. 이와 관련 행복한 귀농귀촌을 위한 기본 전제로 건강관리의 중요성은 나날이 증대되고 있다.

40~50대부터는 체력이 급격히 떨어지는 시기이다. 또한, 이전에 나타나지 않았던 고혈압, 당뇨 등 생활습관병이 발생할 가능성이 커짐에 따라 연 1회씩 건강검진을 필수적으로 받아야 한다. 정기적 건강검진과 관련 암 검사, 위내시경(2년), 대장내시경도 포함시켜야 할 것이다. 여성은 50세 이후 유방암 및 골다공증에 특별히 관심을 가져야 한다. 흡연자나 과체중인 사람은 고혈압, 당뇨, 고지혈증 등 생활습관병에 쉽게 노출되므로 금연, 금주, 적정 체중 유지에 총력을 기울인다.

주 5회 이상 30분 이상 땀이 날 정도로 걷거나 운동을 한다. 또한 수시로 스트레칭을 해 주어 근육 및 척추 질환을 방지하고, 60대 이후 만성 질환 및 퇴행성 질환 관리에 주력하며 음식은 싱겁게 골고루 먹고 채소와 생선을 충분히 섭취하며 규칙적인 운동으로 건강을 관리한다.

무더운 여름철은 일사병에 주의하며, 낮 기온이 가장 높은 12시에서 오후 3시 사이에는 시설 하우스 및 야외 작업을 되도록 삼간다. 저혈당 쇼크는 땀 분비, 손 떨림, 맥박 상승, 공복감과 집중력 저하 등으로 심할 경우 실신까지 이르게 한다.

농약이 입으로 들어가거나 마셨을 경우는 물로 바로 헹궈 내고 물을 마셔 구토를 유발한다. 옷을 헐겁게 하여 심호흡을 시키며, 숨을 안 쉴 경우 인공호흡으로 응급조치를 하고 즉시 병원으로 이송한다.

🌽 귀농인이 알아 두면 좋은 민법 상식

① 민법 제212조(토지소유권의 범위)

토지의 소유권은 정당한 이익이 있는 범위 내에서 토지의 상하에 미친다.

- 지표면 상의 자연석: 토지의 일부
- 지하수: 토지의 구성 성분으로 본다.
- 온천수: 토지의 구성 성분으로 본다.
- 동굴: 수직선 내에 속하는 부분은 토지소유권의 범위에 속한다.
- 광물: 광물 중 일부는 그 소유권이 국가에 있다.

② 상대방에 대한 통지(의사표시)-내용증명

- 내용증명 우편 제도는 우편법에 의한 것으로서 누가, 언제, 어떤 내용의 문서를 누구에게 발송한 것인지를 우체국이 공적으로 증명하는 제도

- 채무 이행 청구, 계약 해제 등 일정한 법률 효과를 발생시킬 수 있는 의사표시 또는 의사 통지를 포함한 우편물의 내용과 발송 일자를 증거로 남겨 두어야 할 필요성이 있는 경우에 많이 이용됨
- 같은 내용의 내용증명서 세 통을 작성하여 우체국에서 내용증명 우편 절차를 거치게 됨

※ 내용과 발송 사실만을 우편 관서에서 증명해 주는 것일 뿐 법적 효력이 인정되는 것은 아님

③ 경계표, 담의 설치권(제237조)
- 제1항: 인접하여 토지를 소유한 자는 공동 비용으로 통상의 경계표나 담을 설치할 수 있다.
- 제2항: 전항의 비용은 쌍방이 절반하여 부담한다. 그러나 측량 비용은 토지의 면적에 비례하여 부담한다.
- 제3항: 다른 관습이 있으면 그 관습에 의한다.

④ 수지 목근 제거권(제240조)
- 제1항: 인접지의 수목 가지가 경계를 넘는 때에는 그 소유자에 대하여 가지의 제거를 청구할 수 있다.
- 제2항: 전항의 청구에 응하지 아니한 때에는 청구자가 그 가지를 제거할 수 있다.
- 제3항: 인접지의 수목 뿌리가 경계를 넘은 때에는 임의로 제거할 수 있다.

⑤ 농작물에 대한 판례
농작물(고추, 마늘 등)에 대하여는 적법한 경작 권한 없이 타인의 토지에 농작물을 경작하였더라도 그 경작한 농작물은 경작자에게 소유권이 있는 것이며, 따라서 그 수확도 경작자만이 할 수 있다.

⑥ 경계선 부근의 건축
- 제1항: 건물을 축조함에는 특별한 관습이 없으면 경계로부터 50cm 이상의 거리를 두어야 한다.
- 건축법과의 관계-상업지역의 맞벽 설치

⑦ 차면시설 의무(제243조)-건축법
- 건축법시행령 제55조(창문 등의 차면시설)
- 인접 대지 경계선으로부터 직선거리 2m 이내에 이웃 주택의 내부가 보이는 창문을 설치하는 경우에는 차면시설을 설치하여야 한다.

 귀농귀촌의 통합적 접근(統合的 接近)

귀농의 계기와 목적도 다르고 연령 및 자산 상태, 귀농 조건 등도 다르지만 성공하는 분들의 귀농 공통 분모는 다음과 같다.

첫 번째는 귀농과 귀촌의 차이점을 명확히 인식하고 충분한 귀농 준비 기간을 가지고 철저한 귀농 준비를 하였다는 것이다. 1~5년까지 귀농 준비 기간을 가지고 유통 및 판매에 초점을 맞추고 작목을 선택한 사례가 많다.

두 번째는 선택작목의 재배 기술을 배우기 위해 농업기술센터 귀농 교육을 포함한 작목 전문교육(현장 교육 포함)에 많은 노력과 시간을 투자하였다는 것이다. 처음에는 귀농에 관한 일반 교육을 받고 점차 작목 전문교육을 현장 실습과 병행하는 방법으로 전문성을 높이는 방법은 매우 효율적이라 생각한다.

세 번째는 본격적 귀농 전에 충분한 실습 기간(연습생)을 가지고 시행착오를 최소화한 것도 매우 좋은 방법이었다.

네 번째는 농업 규모를 처음에는 작게 시작해서 점차 확대하는 방향으로 추진한 점이다.

다섯 번째는 농업기술센터 귀농 프로그램인 신규 농업인(귀농인) 현장 실습 교육을 적시에 잘 활용하였다.

여섯 번째는 귀농 초기 멘토의 중요성을 인지하고 자신의 귀농 여건에 부합한 멘토(농촌지도사, 선도 농가 등)를 선정한 것도 매우 중요한 귀농 포인트로 볼 수 있다. 또한 귀농 지역 주민과의 융화 및 상생에 많은 노력을 기울이고 있다.

오늘과 내일

내 人生에 가장 행복한 날은

오늘이고

가장 기다려지는 날은

내일이다

One way ticket!

가끔씩은 놓친 기차를 타고 싶을 때가 있다
때로는 떠나보낸 사랑이 아름답게 느껴질 때도 있다
머지않아 지나 버린 세월이 가슴 시리게 소중하게
느껴질 것이다

지금 내가 나를 가장 사랑해야 할 이유이다!

2) 꿀벌

가. 양봉의 기초

몇 년 전만 해도 양봉과 표고버섯 재배는 초보 귀농인들에게 매우 인기 있는 귀농 아이템이었다.
다른 작목보다 상대적으로 초기 비용이 적게 들면서 소면적에서 기술중심적으로 접근할 수 있었던 데 그 주요한 이유가 있다.
현재도 양봉을 시작하는 귀농귀촌인이 점차 늘고 있는 추세이다. 따라서 시군농업기술센터에는 양봉 및 토종벌 사육 기술을 배우기 위해 교육 및 사양 기술 문의가 나날이 늘고 있다.

문의 사항은 교육을 어디서 받는가와 양봉 자재 구입처, 사양 기술, 연구회 등 법인 구성, 밀원식물 재배 등이다.

현재 충주시농업기술센터에도 2개의 연구회(양봉, 토종벌)가 활발하게 활동하고 있으며 연구회별 매월 과제 교육도 실시하고 있다.

양봉을 시작하려는 초보 귀농귀촌에게 필자는 도제식 현장 교육을 권장한다.

이론 교육을 수강하고 벌통을 사서 본격적인 양봉을 시작하는 것도 좋지만 이론과 현장은 많은 괴리가 있기 때문에 이론을 이해하는 것도 어렵고 사양 관리의 현장에 접목하기도 매우 힘들다.

따라서 시군센터 담당자와 먼저 상담한 뒤 양봉 선도 농가를 소개받아 현장에서 견습생으로 일정 기간(1년 이상)을 배운 뒤에 벌통(10개 정도) 및 기자재를 2월 초에 구입하여 본격적으로 시작해 보는 것도 괜찮을 듯싶다. 벌통 및 기자재를 2월 초에 구입하는 이유는 초보자는 월동 사양 기술이 매우 부족하여 겨울을 나면서 벌을 많이 죽이는 사례를 많이 보았으며 2월부터 시작하면 —선도 농가와 멘토-멘티 활동— 그해 꿀을 채취할 수 있으며 다음 해 2월까지 1년 동안 꾸준히 양봉 일지를 쓰면서 사양 관리를 배우면 많은 도움이 될 것이다.

또한 개인적으로 양봉을 하는 것보다 양봉 연구회에 가입하거나 지역 협회에 가입하여 단체로 활동하는 것도 좋은 방법이다.

양봉 자재의 구입 방법도 한국양봉농협 및 지역에 있는 양봉원을 이용하면 되는데 먼저 선도 농가와 상담하여 샘플을 보고 선택하는 것도 좋은 방법이다.

양봉 선택 시 주변에 밀원식물의 존재 여부도 관심을 가져야 한다.
주요 밀원은 헛개나무(풍성 1호 등), 모감주나무, 쉬나무, 산초나무, 싸리, 밤나무, 아카시아, 메밀(봄, 가을) 등이 있으며 화분 작물은 옥수수, 호박, 환삼덩굴, 벼 등이 있는데 전국적으로 밀원식물의 다양한 식재가 필요한 시점이다.
계절별로 밀원 및 온도에 따라 꿀벌 집단의 크기는 변화무쌍하다.

2월 초에는 종족 번식을 위해 산란과 육아를 시작하고 4~5월은 꿀벌의 세력이 최고조에 이르는 때이며 여름철은 산란율 감소 및 활동이 저조(면역 저하, 산란권 감소 부저병 등 바이러스성 질병 유발)하다.
가을은 산란권 증가되나 번식은 왕성하지 못하며 겨울은 월동 관리에 주의(2018년은 혹한 및 고르지 못한 기온 및 기상 여건으로 인하여 전국적으로 작황(벌꿀 생산량 등)이 매우 저조하였다)해야 한다.
월동 장소는 벌통 입구가 남향이며 바람, 습기가 적고 소음이나 진동이 없는 곳이 좋으며 강추위에 대비하여 폭설, 강풍, 쥐 등에 유의한다.
월별로 대략적인 사양 관리를 살펴보면 1월은 한해의 양봉 계획을 세우고 봉군 관리(추위 대비 보온, 환기 등), 화분 떡 준비, 양봉 자재 준비를 하며 2월은 육아 시 봉군의 온도 35도를 잘 유지하도록 하고 꽃샘추위, 폭설 등에 주의하며 추위로 인한 낙봉, 온화한 날 식량 점검 등 꿀벌 관리에 유의한다.
영, 호남 지방에서는 2월 초부터 봄벌 관리가 시작되나 중부지방에서는 대개 2월 중순경부터 시작된다.
봄벌 관리에서 중요한 것은 소비 수를 축소하여 꿀벌을 가능한 밀집시키는 것이다.

봄벌의 산란과 육아는 온도, 먹이 및 환기의 조절이 중요하며 인위적으로 보온을 잘해 주어도 벌이 가득하게 빽빽하게 뭉쳐 열을 발산하여 35도를 유지하는 것만은 못하다.
외기온도가 5~6도 떨어져 산란과 육아에 지장이 초래될 때는 보온덮개를 소문까지 가려 주고 다음 날 아침 외기온도가 10도 이상이 되면 앞을 가려 주었던 보온덮개를 치켜올려 소문 위로 3cm 정도 떨어지게 한다.
3월은 갑작스러운 꽃샘추위에 대비하고 4월은 일 년 중 꿀벌 번식이 가장 활발하기 때문에 온도 상승으로 인한 습도 부족을 방지하고 아카시아 유밀기를 대비해서 외역봉 확보와 분봉열 방지에 최선을 다한다.
여름철 꿀벌 관리의 포인트는 장마철과 폭염에 주의한 사양 관리가 요구되는데 무밀기로 전환되어 꿀벌의 체력이 감소되고 산란권도 최소로 유지만 되기 때문에 꿀벌의 질병도 발생하기 쉽다.
6월 하순경부터 더위가 심해지면 비가림 양봉사로서 수십 미터 길이의 비닐하우스 차양 막 또는 패널 지붕을 설치하면 여름철 시원한 그늘을 만들어, 벌통을 뜨거운 햇볕과 폭우로부터 보호하는 등 봉군 관리에도 편리하다.
또는 30mm 스티로폼으로 벌통 6면 전체를 외부 포장할 경우 외기온도가 38~40도가 되어도 벌통 내부는 상대적으로 시원한 환경을 만들 수 있다.
요즈음은 여름철에 모든 봉군을 완제품 스티로폼 벌통으로 사육하는 양봉농가들도 늘고 있다.
가을철 사양 관리를 간단하게 살펴보면 가을철은 도봉이 심하므로 초가을 채밀을 하는 날에는 이른 아침에 소문을 차단하고 채밀하는 게 좋으며 가을철 채밀은 가급적 삼가는 것이 월동에 유리하다.

또한 봉군의 세력이 약한 것은 과감하게 합봉하여 강군을 육성한다.

한 봉군에는 반드시 한 마리의 여왕벌이 있어야 하므로 여왕벌이 망실되거나 늙어 쓸모가 없어진 경우 건강한 새 여왕벌로 교체할 수 있다.

가을철은 월동군 양성과 월동 식량 확보에 초점을 맞추어 사양 관리에 집중한다.

8월 말까지는 채밀을 마치고 9월부터는 월동군을 양성해야 하는데 9월 말경에 내검하여 먹이의 상태를 점검하고 부족해 보이는 봉군에는 당액을 더 급여한다.

10월 10일경 내검하고 소비 1장씩을 또 축소하여 빼낸 꿀 소비로 먹이를 조절한다. 10월 10일 이후 먹이가 부족해 보이면 당액으로 보충하지 말고 빼놓았던 꿀 소비로 보충해 주어야 한다. 늦가을까지 당액을 급여하면 불량 식량이 되고 습기가 많아 월동 중 설사를 한다.

겨울철 꿀벌 관리의 포인트는 10월부터 월동 준비를 위한 관리에 들어가야 하는데 월동 식량을 점검하고 질병을 확인(응애 약 처리 등)하고 강추위에 대비하여야 한다.

양봉 사양 관리의 핵심은 계절별 양봉 사양 관리의 실천과 함께 연중 질병 관리(부저, 석고, 노제마병 등), 지역별 다양한 밀원 수의 개발, 말벌 퇴치 등이 종합적으로 관리되어야 할 것으로 생각된다.

필자가 2018년 양봉농가와 공동으로 추진한 말벌 퇴치기 시험 연구(4월~10월) 결과 봄철 여왕벌 제거(3~5월) 및 말벌 최성기(8~10월) 집중 방제가 가장 효과가 큰 사실과 포획량 조사 결과 중부권(충주시 기준)은 장수말벌 및 일반 말벌이 80% 정도이고 아열대성 등검은말벌은 10% 내외의 분포를 보였다.

말벌 퇴치의 중요성

말벌 피해는 최근 해마다 반복되어 양봉농가에 적지 않은 피해를 주고 있으며 장수말벌, 대추말벌뿐만 아니라 2003년 부산에서 처음 발견된 아열대성 등검은말벌(머리 검은색, 6개의 다리 끝부분 노란색, 둘째 마디 오렌지색) 등이 극성을 부리고 있다.

봄에 출현하는 말벌은 전부 말벌 여왕벌이므로 이때의 여왕벌 포획은 말벌 1천 마리를 제거하는 효과를 볼 수 있다.

말벌 유인액을 제조하는 방법은 여러 가지가 있으나 대표적 방법을 소개한다.

설탕 1포를 이용하여 사양액 30L를 만든다. 포도 원액 또는 포도 주스 1.5L 2개(3L)를 사양액에 넣어 준다.

3~4일 정도 상온에서 숙성시키면 시큼한 냄새가 나면서 변질된다. 유인액을 포획기나 작은 대야에 담은 뒤 벌통과 벌통 사이 그늘에 놓는다. 유인액을 향해 꿀벌이 자주 달려들면 물을 첨가하여 희석한 뒤 발효시킨다.

 양봉의 병충해

① 노제마병

병원체는 곰팡이(진균)의 대표 증상은 설사다.

노제마병은 이른 봄철과 싸늘한 가을철에 발생한다. 노제마에 심하게 감염되어도 초기에는 특이한 증상은 없지만 점차 일벌들의 활동이 둔

화되어 날지 못하고 기어다니는데 봄철에 흔히 볼 수 있는 현상이다. 심할 경우 복부가 팽창하고 여러 곳에 배설 자국을 남긴다. 여왕벌이 감염되면 산란력이 감소하고, 심하면 산란 중단 후 사망한다. 사전 예방을 위해, 봉군을 강군으로 유지하고 봉군의 영양 관리와 온도 유지에 유의한다.

노제마병 약제는 퓨미딜 B가 널리 쓰인다.

② 부저병

병원체는 세균, 대표 증상은 부패다.

많은 봉군에서 발생하는 질병으로 재발하기 때문에 벌통 또는 기구를 철저히 소독하여 사용한다.

③ 꿀벌응애 방제(꿀벌응애+가시응애)

꿀벌에 기생하는 응애가 만연하면 꿀벌의 발육이 부진하고 수명이 현저히 감소하고 불구 벌이 속출하며, 다른 질병이 동시 발생함으로써 봉군 폐사가 나타난다. 양봉에 피해가 크므로 8월 초순경에 일주일 간격으로 3회 이상 약제 처리하고 10월 초와 월동 직전에 다시 방제한다. 월동 직전 모든 육아가 정지되고 마지막 봉개된 번데기가 출방한 다음 꿀벌응애를 방제하면 약제가 모든 응애에 접촉함으로써 가장 높은 방제 효과를 기대할 수 있다(방제 최적기).

④ 설사병

불량 꿀로 인한 소화불량, 온도 부족으로 인한 소화불량, 환기 불량과 습기로 인한 소화불량 등의 원인으로 발생하며 전염성은 없다.

소비를 축소하여 봉군을 밀집시키고, 약군은 과감히 합봉을 강군화시킨다.

⑤ **백묵병(초크병)**
꿀벌의 유충에 전염되어 발생하는 곰팡이병이다.
곰팡이는 습한 곳에서 발생하므로 벌통 내부가 너무 습하지 않도록 한다. 오염 벌꿀, 벌집, 양봉 기구 접촉을 차단하고 오염 화분으로부터 포자 유입이 가능하므로 화분 공급 시 주의를 요한다.
봄철에는 강군으로 세력을 유지하며 벌이 약하며 과감하게 강군에 합봉한다.

 질병 확산 예방

- 햇볕이 잘 드는 곳에 벌통 놓기(습지는 피한다)
- 오염된 벌통과 벌집 판은 교체
- 월동 시 벌통에 충분한 양의 화분과 꿀 공급
- 질병이 심한 경우 벌과 양봉 기구를 소각하고 벌통 소독 철저
- 정기적인 벌통의 봉군 검사로 질병 발생 초기 억제
- 질병의 예방 관리, 면역력 증진, 해충에 의한 스트레스 경감
- 면역력 강한 강군 육성하고 유충이 충실하고 건강하게 자랄 수 있도록 꿀벌에 고단백질의 화분 공급

토종벌 낭충봉아부패병

- 개량 벌통 사용(기존 토종벌 벌통은 내검이 어려워 질병 조기 진단이 어려움) 및 여왕벌 양성 등 토종벌 사양 관리 기술의 개선을 통해 예방한다.
- 낭충봉아부패병을 일으키는 바이러스는 30nm 크기의 바이러스로서 어린 유충에 국한되며, 먹이를 주는 과정에서 감염된다. 바이러스에 감염되어 죽은 유충은 바이러스로 가득 차게 되는데, 이러한 유충 사체를 제거하는 과정에서 일벌들이 전염된다.
- 낭충봉아부패병의 병징은, 표피가 거칠게 변하여 번데기로 발육을 하지 못한 유충이 뻣뻣해진 후 머리를 위쪽으로 향하면서 죽게 되는 것이다. 이때 죽은 유충의 껍질이 남아 있는 상태에서 충제 속이 액상으로 변하게 된다.
- 이때 머리 부분과 기관 부분부터 암갈색으로 변하기 시작하여 결국 말라서 납작하게 된다.

 양봉 기초 용어 해설

① 봉군(벌 무리)
여왕벌, 일벌, 수벌이 모인 꿀벌의 단위 집단이다.
일반적으로 한 벌통에는 1개 봉군이 생활한다.

② 봉구
꿀벌이 월동할 때 자체 보온을 위해 뭉치는 것이다.

봉구의 내부 온도는 21도로 유지한다.

③ 봉교(프로폴리스)
꿀벌이 나무의 진, 풀잎과 꽃봉오리에서 수집해 온 찐득찐득한 것을 이른다.

④ 봉상(벌통)
꿀벌을 기르는 상자(나무, 스티로폼 등)이다.

⑤ 분봉
벌통 내부가 비좁아지면 살림을 나눈 것을 말하며 자연분봉과 인공분봉이 있다.

⑥ 소비, 소초, 소광, 소문
소광은 벌통 내부에 끼우는 벌집의 나무들을 말하며, 소광에 철선을 건너 매고 벌집의 기초가 되는 소초를 붙인 후 집을 지은 것을 소비라 하며 벌들의 출입구를 소문이라 한다.

⑦ 왕대
여왕벌이 발육하는 집이다.

⑧ 왕유(로열젤리)
일벌이 머리샘에서 분비하는 여왕벌 먹이를 말한다.

⑨ 처녀왕, 신왕, 구왕

왕대에서 출방하여 교미를 마치지 못한 여왕벌을 처녀왕이라 하며 처녀왕이 교미를 마치고 산란을 시작하면 신왕이라고 하고 출방한 지 1년 이상 된 여왕벌을 구왕이라고 한다.

⑩ 강군과 약군, 합봉

벌의 수가 많으면 강군이라 하고 적으면 약군이라 하는데 2통 이상의 벌을 한 통으로 합치는 것을 합봉이라고 한다(강군 육성).

⑪ 내검, 훈연기

벌통 내부를 검사하는 일을 내검이라고 하며 내검할 때 연기를 쏘이는 기구를 훈연기라 한다(쑥, 왕겨 사용).

양봉 시작 전 반드시 알아 두기!

① 봉군 구성
- 여왕벌: 1군 1왕(봉군의 성패, 산란 등)
- 수벌: 수백에서 수천 마리(여왕벌과의 교미 등)
- 일벌: 2~6만(화밀 수집, 집짓기, 경계병, 여왕 시중들기)

② 꿀벌의 온도
- 활동 저하: 21도 이하~37도 이상
- 활동력 상실: 7도 이하
- 활동 정지: 37도

- 비상력 상실: 10도 이하
- 소비 축조, 봉아 양성, 밀납 분비: 33~35도

③ 꿀벌의 출생(알에서 성충까지)
- 여왕벌 출생: 16일
- 일벌: 21일
- 수벌: 24일

양봉 산물(꿀, 프로폴리스 등)

 **꿀벌의 기초 상식**

① 발육 단계: 알-애벌레-번데기-성충
- 총 발육 기간: 여왕벌 16일, 일벌 21일, 수벌 24일
- 발육 기간 차이: 몸집 크기, 먹이 양과 질, 온·습도 등 환경

② 꿀벌 봉군 세력 급감 원인
- 단백질 부족(봉군에 단백질이 부족하면, 유충 제거, 일벌 노쇠, 봉군 전체 면역력 약화로 각종 질병에 취약)
- 질병 감염(꿀벌응애와 노제마 기생 등)
- 체온 저하

③ 세력 감소에 대한 예방
- 다양한 방제 방법을 통해 꿀벌응애 철저한 방제
- 강군 육성(성공적인 양봉은 일 년에 1회 여왕벌 교체)
- 봉군이 최적의 영양 상태가 되도록 관리(여름, 가을 등)
- 봉군 온도 환경 조절(저온: 밀집 축소·유밀기, 고온: 환기와 공간 확보 등)

④ 월동 실패 원인
- 젊은 일벌이 아닌 중노동에 시달린 늙은 벌로 월동
- 당액 사양이 늦어, 미숙성 식량으로 월동
- 환기 부족, 과습으로 인한 호흡장애, 질식
- 꿀벌응애, 가시응애, 바이러스 피해

꿀벌 기르기의 통합적 접근(統合的 接近)

필자가 2018년부터 충주 지역의 말벌 퇴치 시험 연구와 병행하여 5년 동안 양봉과 토종벌을 사육하였고 2022년 5월 29일부터 6월 23일까지 KOPIA(양봉 분야 해외 전문가: 몽골) 파견을 통해 느낀 점은 꿀벌 사육에 있어서 가장 중요한 것은 강군 육성(봉군 세력)에 있다는 것이다.

기본적으로 꿀벌은 발육 단계에서 단백질 공급을 원활하게 하여 면역력을 향상시킴과 동시에 벌통 관리(환기, 청결, 습해 방지 등)를 철저히 해야 한다.
등검은말벌 등 말벌 피해를 예방하기 위해서 4월에 말벌 퇴치기를 설치하여 여왕벌을 잡아야 피해를 최소화할 수 있다.
질병 감염 방지, 체온 저하 방지를 위해 봉장을 최적의 상태로 관리하여야 하며 특히 문제가 되는 꿀벌응애 구제 방법으로 물리적 방법(수벌 망, 철망 바닥, 가루 설탕법)과 화학적 방법(천연 약제, 합성 약제)을 동시에 병행하여 효과를 높인다.
화학적 방법은 천연 약제 사용을 우선적으로 고려하고, 합성 약제 사용은 그다음 수단으로 사용하여 내성과 잔류 문제를 최소화한다.

초보자는 농업기술센터 양봉 연구회나 농업인대학 양봉학과 및 지역 양봉협회에 가입하여 체계적인 멘토링을 받고 시작하시길 권한다.

KOPIA(해외 전문가: 양봉 분야) 몽골 파견

한국 양봉 기술과 미래(세미나: 이상명)

몽골 바트슘베르 현장 컨설팅 1

몽골 바트슘베르 현장 컨설팅 2

정부 포럼 참석(Tov 도)

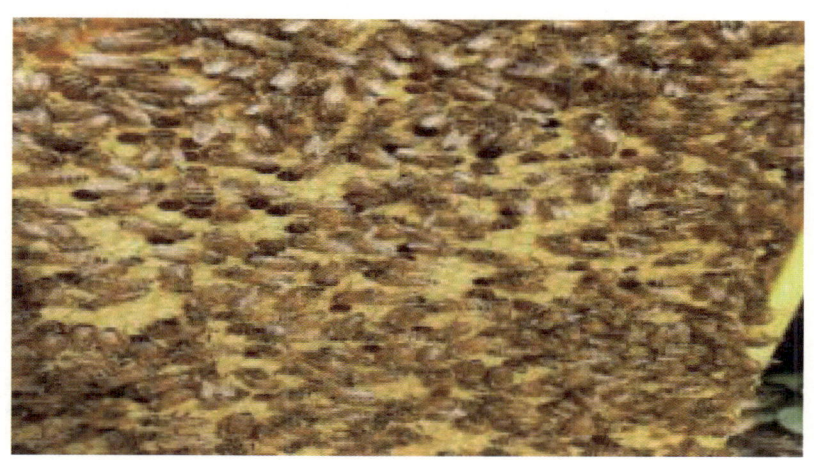

봉장 관리

3) 기능성 약용작물

가. 약용 산업의 특성

약용 산업은 중요한 생명산업이자 기능성식품, 산업 소재로도 각광을 받고 있다.

의약품으로서의 약초는 중요한 신약 개발의 소재로 가치가 중요시되고 있으며 웰빙 트렌드를 반영한 기능성식품으로 널리 이용되고 있다. 건강식품, 미용 식품으로서의 약초는 건강 개선과 유지를 위한 기능성식품의 원료로 주목받고 있으며, 기능성화장품, 생활용품 등은 새로운 시장을 형성하고 다양한 부가가치를 창출하고 있다.

하지만 우리나라 약초 산업은 재배적 관점에서 영세하며 뿌리작물이 많고 경사지가 많아 기계화가 어렵다.
또한 국제시장 개방(값싼 중국산 등) 여건에 의해 가격이 불안정하여 경쟁력이 약한 측면이 있다.

나. 황기

황기(Astragalus membranaceus Bunge)는 다년생 콩과 식물로 전국 각지에서 재배가 가능하지만 정선, 영월, 삼척 및 충북 제천에서 많이 재배된다. 보약의 총사령관이라고 불리며 허약한 체질의 기(氣)를 보(補)하는 기능이 뛰어난 약초이다. 황기 백숙은 땀을 많이 흘리는 여름철에 에너지 소모가 많고 더위로 인한 식욕부진으로 허약해지기 쉬운 시기 좋은 보양식이 된다.
또한 황기는 아스트라갈로사이드 등 많은 생리활성 성분이 함유되어 있어 현대 신약 소재 및 기능성으로 각광받고 있다.

이처럼 기(氣)를 보강하고 면역력을 높여 주는 황기는 황기만 넣고 2시간을 달인 다음 닭을 넣고 익혀 삼계탕으로 먹기도 하고, 생황기를 절구에 찧어 막걸리를 담글 때에 넣어 먹기도 한다.

황기 70~80g에 물 2L를 붓고 15분간 강불로 끓이다가, 약불로 바꾸어 20분간 끓이면 되며, 식혀서 냉장 보관 후 수시로 차로 복용하기도 한다.

황기를 볶아 먹으면 기능성 성분이 증가한다는 연구 결과도 있으며 황기 죽은 환자들에게 좋은 대용식이기도 하다. 황기 분말을 요거트와 곁들여 먹어도 좋다.

황기의 일반 특성

- 한약명: 황기(黃芪)
- 콩과에 속하는 다년생 초본
- 이용 부위: 주피를 거의 벗긴 뿌리
- 수확기까지 계속 개화 결실, 타가수정
- 결실기 9~10월, 꼬투리당 8~10립, 천립중 7g
- 주산지: 정선, 영월, 제천, 봉화, 영주 등

재배 적지

- 내한성이 강해 전국 어느 지역이나 재배 가능
- 서늘한 중북부 산간 지역
- 하절기 온도가 높지 않고 일교차가 크며, 부식질이 많고 토심 깊고

배수가 잘 되는 토양
- 사질토에서는 잔뿌리 발생이 많고 배수가 안 되는 곳은 뿌리썩음병 발생

 재배 환경

① 기후
전국 어느 곳에서나 재배가 가능하지만 중남부 지역은 1년근 재배가 유리하고 비교적 서늘한 중북부 고랭지대에서 2년생 이상 다년근 재배가 가능하여 뿌리 생육이 잘되고 품질이 좋다.

② 토양
재배 토양은 가급적 배수와 보수력이 양호한 토질로서 농경지의 토양오염 우려 기준을 초과하지 아니하여야 한다.
토심이 깊고 물 빠짐이 아주 좋으며 부식질이 많은 식양토가 적당하고, 연작하면 입고병, 시들음병 발생이 증가하여 뿌리 수량과 상품성이 저하된다.

 종자 준비 및 파종

① 종자 준비
- 종자는 파종하기 바로 전년도에 채종한 종자를 사용
 (묵은 종자는 발아는 되지만, 잘 자라지 않고 고사가 심하다)
- 종자는 흑갈색이고 윤기가 나며 무겁고 충실한 것이 좋음

- 채종은 2~3년생, 1년생 채종 시 적심 1회 실시

② 파종
- 파종 적기는 4월 상순이나 5월 중순까지 가능
- 저온기 파종 시 발아율 낮고, 출현 후 입고병 발생함
- 고온기 파종 시 고온건조로 발아율 낮고, 강한 햇볕으로 고사

파종 방법

- 파종 전 밭 전체에 밑거름을 골고루 뿌리고 깊이 갈아 전층시비 한다.
- 이랑과 이랑 사이: 110~120cm
- 두둑 넓이: 40~50cm/높이는 40cm 정도
- 포기 사이: 10cm
- 발아는 파종 후 6~10일
- 파종기 이용 시 300평(10a)당 두 시간 정도 소요
- 300평(10a)당 파종량은 1kg 정도

시비량(비배관리)

황기는 콩과 식물로, 뿌리를 약용하므로 질소비료를 적게 하고 퇴비, 인산, 칼리를 많이 주어야 한다. 또 산성 토양에는 석회를 충분히 시용하여 토양을 중화시킨 후 심는 것이 좋다.

보통 밭에는 10a당 질소비료 6kg, 인산비료 7kg, 칼리비료 8kg, 퇴비 1,000kg을 밑거름으로 준다.

 황기 높은 이랑 재배 기술

① 순지르기
- 1차: 초장 25~30cm 시 15~20cm 높이
- 2차: 초장 35~40cm 시 25~30cm 높이
- 3차: 생육 상태에 따라 순지르기

※ 맑은 날 순지르기 실시하고 8월 중순 이후는 순지르기 금지

② 추비 시용
- 1차: 1차 순지르기 후 N-K 복비 6~7kg
- 2차: 2차 순지르기 후 N-K 복비 8~10kg
- 3차: 8월 하순~9월 상순까지 추비 시용

본밭 관리

① 솎음

씨 뿌린 후 10일 내외가 되면 싹이 올라오는데 아주 베지 않으면 솎아 주지 않고 그대로 키우는 것이 일반적이다. 황기는 드물게 심는 것보다는 다소 배게 심어야 곁뿌리의 발생이 적어 품질이 양호하다.

② 보파

직근성 작물로 이식이 잘 안될 뿐만 아니라 곧은 뿌리를 수확해야 하므로 결주가 생기면 이식하지 않고 보파한다.

③ 배수 관리

황기는 곧은 뿌리가 땅속 깊이 뻗어 내려가므로 여름철 장마로 수위가 높아지거나 과습하면 뿌리가 썩고 말라 죽는다. 배수로의 깊이는 적어도 40cm 이상이 되어야 한다.

 병해충 방제

① 흰가루병
- 병징: 잎, 줄기에 발생하며 주로 잎 표면에 흰 가루 모양의 분생 포자 밀생
- 발병: 고온건조

② 시들음병
- 병징: 초기에는 식물체 하위엽부터 황화되어 상위엽 진전
  발생 초기 지제부 부근 줄기 잘라 보면 도관부 갈변
- 발병: 균사와 후막 포자 형태로 월동하며 토양 전염
- 윤작하여 병 발생을 줄이고 병이 발생이 되면 방제가 안 되므로 병든 식물체는 뽑아서 소각한다.

③ 줄기썩음병
- 줄기의 지표 부위가 변색되어 썩고, 병든 부위에는 흰 균사가 붙어 있다. 뽑아 보면 뿌리가 부패되어 소실된 것을 볼 수 있다.
- 여름철 장마기에 피해

④ 입고병
지표 부위 어린 식물의 줄기가 썩는 증상

 수확 및 건조

고랭지에서는 보통 3년근을 약용으로 이용하며, 비옥한 땅에서는 당년에도 뿌리가 상당히 크므로 식품용으로 수확한다. 10월 하순 및 11월 상순을 수확적기로 볼 수 있다.
굴삭기를 활용하면 1대당 1일 1,000평 정도 수확이 가능하다.
수확 시 굴삭기 1대당 작업 인력은 10명 정도 소요되며, 수확 즉시 세척 및 탈피 작업을 실시한다.
세척 및 탈피 작업 시 과도한 탈피 작업을 지양한다. 단시일 안에 건조한 것이 껍질이 희고 깨끗하여 상품성이 높다. 열풍건조 시 40~45도에서 24시간 정도 건조시킨다. 80~90% 건조되었을 때 간추려 묶어서 완전히 건조시킨 후 저장하거나 출하한다.

※ 황기 관련 주요 현황(2013년 기준)

- 황기 재배면적: 358ha/값싼 중국산 유입으로 면적 감소
- 농가 수: 476호(강원, 충북에 편중)
- 용도: 1년생은 삼계탕 등 식재료, 다년생은 약용
- 유통: 약령 시장, 제약 회사, 약초 영농 조합 등 다양
- 최근 동향: 값싼 중국산 황기 유입으로 가격이 불안정하며 황기 뿌리 가격은 해마다 가격 변동이 심함

※ 필자의 견해(참고용)

필자가 황기 시험 연구 및 황기 재배 선도 농가 출장을 통해 학습한 내용의 포인트는 황기는 재배 적지(배수 등) 선정이 가장 중요하고 40cm 이상 이랑 높은 재배 기술 및 순치기, 적기 병해충 방제가 무엇보다 중요한 관건이었다.
특히 2020년 여름 긴 장마로 인하여 황기 재배 농가가 습해로
많은 피해를 입었다. 장마철 적극적 배수 관리로 습해를 방지하여야 하며 연작장해 시 나타날 수 있는 입고병, 시들음병은 윤작으로 해결한다.

※ 출처/참고 문헌

농촌진흥청, 〈표준영농교본 황기〉, 《약용작물 매뉴얼》, 2010.

다. 오미자

오미자(Schizandra chinensis Baillon)는 목련과에 속하는 낙엽 활엽성의 넝쿨성 다년생식물로 깊은 산속에서 자생한다. 시고 떫고 짜고 맵고 단 다섯 가지 맛을 갖고 있다고 하여 오미자라고 한다. 열매를 말려 차로 우려 마시거나 설탕과 함께 진액으로 먹는다.

오미자에 관련된 재미있는 이야기를 소개해 본다.

여경대라는 중국 사람이 있었다. 나이가 칠십이 넘어 성적 능력이 쇠약해졌지만 우연히 묘약을 먹고는 연속해서 아들을 셋이나 낳았다. 그렇지만 칠순이 넘은 남편에게 시달린 나머지 부인은 병이 들게 되었다.
여경대는 부인을 생각하는 마음에 마당에 약을 버렸는데 마침 그곳을 지나던 수탉이 약을 쪼아 먹었다.
수탉은 양기가 솟구쳤는지 옆에 있던 암탉에게 덤벼들어 올라타더니 교미를 하면서 머리를 마구 쪼아 댔다.
수탉이 며칠 동안이나 이렇게 덤비니 암탉은 머리가 벗겨져 대머리가 되었다.
사람들이 대머리 독(禿) 자에 닭 계(鷄) 자를 써서 독계산(禿鷄産)이라고 약의 이름을 지었고 이 약의 주원료가 오미자라고 한다.

 일반 특성 및 재배 적지

한약명은 오미자(五味子)이며 이용 부위는 열매이다.

① 자생지
중부 이북 해발 300~500m 중산간 계곡이며 여름철 기온이 서늘한 곳

② 재배 적지
기상 비율이 높은 양토, 사양토 적지
- 호광성식물로 우리나라 전역에 재배가 가능하다.
- 지하수위가 낮고 배수가 잘되는 곳이 좋다.

 오미자의 번식 방법 및 육묘

번식 방법에는 종자번식, 분주번식, 접목번식이 있다.
종자 파종 적기는 3월 중순~4월 중순이다.

① 우량묘의 조건
- 묘목 지제부 주경의 굵기가 3mm 이상일 것
- 마디 사이가 짧고 눈이 충실할 것
- 굴취 후 잔뿌리의 양이 많고 주근이 절단되지 않을 것
- 주경의 지제부에 잘록병 발생의 흔적이 없을 것

오미자의 식물학적 특성으로 뿌리의 80% 이상이 토양 10cm 깊이 내외에 분포하는 천근성작물이므로 관수 작업이 매우 중요하며, 한발 피해로 과실이 더 이상 비대하지 못하고 생육이 정지되거나 수분공급 부족으로 말라서 갈색으로 변화하는 현상이 나타난다.
특히 관수가 중요한 시기는 수정기(5월 초), 과실비대기(7월 초~8월

초), 성숙기 등이다.

오미자의 정식

- 정식 시기: 늦가을(11월)이나 초봄(3월 중순)
- 피복: 흑색 필름
- 재식거리는 20~50cm

오미자를 울타리식 수형으로 재배할 경우에는 열간 2.7m, 주간 25~30cm 간격으로 식재하면 적당하고, 덕식은 열간 2.7m에 주간 30~40cm, 하우스 틀을 이용한 수형으로 재배할 때는 5.2m, 주간 30~40cm를 기준으로 식재하면 적당하다.

물 빠짐이 좋은 포장은 일반적인 나무 심는 방법대로 식재하고, 동일한 포장이라도 배수가 안 되는 지점이나 점토 함량이 많은 토양에 과원을 조성할 경우에는 지표면보다 10~20cm 흙을 모아 올려 심기를 해 주면 습해를 줄일 수 있다.

심을 위치가 결정되면 묘목을 놓고 완숙퇴비가 50% 정도 섞인 흙을 이용하여 복토한 후 답압하여 고정시키고, 묘목의 줄기를 지표부 20cm 내외에서 절단하여 과도한 증산작용을 억제한다. 또한 묘목 식재 후에는 검은 멀칭이나 볏짚으로 피복해 줌으로써 한발 피해를 줄일 수 있고 잡초 발생을 막을 수 있다.

오미자는 잔뿌리가 많기 때문에 굴취 시 뿌리가 공기 중에 노출되면 건조 피해를 받기 쉽다. 묘목 굴취 시 실뿌리가 상하지 않도록 조심스럽게 작업하고 굴취 즉시 소형 비닐봉지에 포장하여 상처나 건조를 막을 수 있다. 굴취 후에는 신속히 식재하는 것이 좋지만 기상의 악화나 작업 계획의 차질로 인해 식재까지 기간이 길어지리라 예상되면 과습하지 않는 장소에 가식한다.

 시비량 및 시비 방법

오미자의 생육 시기별 양분 흡수 양상은 5월 하순까지 질소량이 많을 경우 초기 낙과율이 높아지고, 6월 상~7월 중순까지 양분이 부족할 경우 과립 비대가 적고 다음 해 수꽃 발생률이 높아 수량이 감소되며, 7월 하순 이후~수확기까지 착과량이 많을 경우 비절현상이 발생하여 착색이 불량해진다.
3년생 주의 시비량은 요소 10kg, 인산 8kg, 칼리 8kg가 기준량이다.

 오미자 줄기 유인

덩굴성 식물로 50cm 정도 자랐을 때 유인한다.

 본밭 관리

- 지주 세우기
- 잡초방제

 **낙과 원인 및 대책**

① 기상요인
7~8월 과습, 일조 부족, 강풍으로 식물체의 수분이 증발될 때 낙과율이 높아진다.

② 토양조건
배수 불량 토양, 건조한 토양, 산성 토양에서 낙과율이 높다. 그 대책으로 적지를 선정하고 석회를 시용하여야 한다.

③ 미량 요소 결핍
마그네슘 결핍 증상은 잎에 황갈색의 반점이 생기며 낙과가 되는 것이므로 고토 석회 20kg/10a, 황산마그네슘 5~6kg/10a를 시용한다. 붕소 결핍 증상은 위축 현상이 발생되며 낙과가 심한 것이므로 2~3년 주기로 붕사 3~4kg/10a를 시용한다.

 병충해 방제

① 오미자의 주요 병해: 탄저, 점무늬병, 흰가루병, 역병
○ 점무늬병
생육 중 가장 많이 발생하며, 고온다습 조건에서 증가한다. 6월 상순(장마기)에 발생하며, 8월 하순~9월 중순이 최성기이다. 세력이 약하거나 과도한 결실이 이루어지는 포장에서 증가한다. 적용 약제를 살포하거나 전정을 통해 번무를 억제한다.

○ 탄저병
점무늬병의 병징과 발생 시기가 유사하며 한 병반에서 두 가지 병원균이 동일하게 분류되는 경우가 많다. 그러나 구별되는 특징으로 점무늬병은 병반이 둥근 형태를 나타내나 탄저병은 병반의 형태가 부정형이고 결각을 형성한다.

○ 흰가루병
잎과 열매에 밀가루를 뿌려 놓은 것처럼 보인다. 고온건조하고 통풍이 안 되는 곳에서 발병이 증가하며 초기에 방제하지 못하면 당년 수량이 급격히 감소한다. 식물체를 튼튼하게 관리하여 병에 대한 저항성을 키우도록 과원을 관리한다.

② 오미자의 주요 충해: 깍지벌레, 노린재류, 박쥐나방 등
○ 뽕나무깍지벌레
피해 증상은 지름 1cm 내외의 흰색 깍지 덩이가 관찰되고 줄기와 가지는 거친 밀가루를 뿌린 듯이 희게 보인다. 나무의 줄기와 잎에 부착하여 흡즙하므로 피해를 받은 나무는 수세가 약해져서 조기 낙엽화되며 심하면 말라 죽는다.
월동 해충으로서 알로서 부화하여 연 2회 발생한다. 첫 약충의 발생 시기는 5월 중하순이고, 2회 약충은 8월 상중순에 나타난다.

○ 응애
휴면 암컷 상태로 월동하고 3월 상순 이후 적갈색으로 변하여 산란을 시작하며, 연 수회~10회까지 발생한다. 흡즙 해충으로서 피해를 받은

잎은 백색의 탈피반과 붉은색의 응애가 관찰되고 피해가 진전되면 잎이 갈색으로 변해 조기 낙엽화된다.

○ 깜보라노린재
성충은 5~10월에 발생하며 약충과 성충이 잎과 순을 흡즙하여 피해를 준다. 가해 부위는 잎의 엽록소가 흡즙되어 흰 반점이 많이 남고 심하면 그 부위가 갈변한다.

 수확

개화 후 90일이 되면 과실이 연홍색으로 변하고 110일경에는 연적색을 나타내는데, 이 시기에 수확된 과실을 건조하게 되면 종피 색이 갈색이나 연적색의 상품성이 없는 과립이 대량 발생한다. 120~125일경에 이르면 과피는 적색으로 변하고 과립이 말랑거리기 시작하는데, 이 시기에 수확한 과실의 건물중이 가장 높다.
그러나 이 시기가 지나면 숙기가 지난 과방과 과립이 탈락되어 수량이 감소하는 경향을 보인다.
과실은 성숙이 완료된 이후 기간이 경과될수록 탈과량이 증가하며 수확 작업 시 능률도 저하된다. 또한 건조를 위해 건조기를 이용할 경우 수분 함량이 많으면 전기나 유류 소모량이 증가하기 때문에 수분 함량이 낮아진 시기에 수확하는 것이 경영상 유리하다. 이러한 점을 고려했을 때 오미자는 개화 후 120~125일경에 수확하는 것이 적당하다.

 **전정 대상**

- 겨울철에 동해를 입은 가지
- 병해충에 피해를 입은 가지
- 짧고 연약한 가지
- 햇빛의 투광을 방해하는 가지
- 서로 겹치는 가지 등

※ 출처/참고 문헌

농촌진흥청, 〈표준영농교본 오미자〉, 《약용작물 매뉴얼》, 2010.

라. 지황

 **일반 특성**

- 식물명: 지황(Scrophulariaceae)
- 생약명: 지황(Rehmannia Root)
- 이용 부위: 뿌리줄기

현삼과의 다년생 초본으로 초장은 20~30cm 정도 된다. 꽃은 엷은 홍자색으로 6~7월에 피며 수술은 4개, 암술은 1개이다.

 **품종 특성**

① 토강
2009년도에 육성한 품종으로 생육 후기 잎은 반직립형으로 잎 모양은 좁은 장타원형이다. 수량이 많고 시들음병에 비교적 강하다.

② 다강
2010년도에 육성한 품종으로 지황 1호(대조 품종)보다 잎이 많고, 뿌리가 가늘며 근수가 많다. 뿌리썩음병에 비교적 강하며 수량이 많다.

🌽 **주요 성분과 효능**

주요 성분은 베타시토스테롤, 만니톨, 카탈폴, 스티마스테놀, 캄페스테롤, 레마닌, 알칼로이드, 지방산, 글루코스, 비타민A를 함유하고 있다. 약리 작용은 혈당 저하, 혈관을 확장, 수축하는 작용이 있으며 강심(强心), 이뇨(利尿), 혈당강하(血糖降下) 등의 증상에 이용한다.

 재배 환경

- 유기물 함량이 많고 물 빠짐이 좋은 사양토 또는 식양토
- 배수가 안 되면 뿌리줄기 썩음병이 발생이 많아진다.
- 비교적 온난하고 햇빛이 잘 들며 통풍이 잘 되는 곳이 좋다.
- 출아 적정 온도는 18~25도이며 출아 소요 일수 18~25일이다.

 종근 식재

- 종근은 평식(平植)을 하며 8공 비닐을 이용한 식재가 많다.
- 심는 시기는 4월 중·하순부터 5월 중순 이내에 날씨 및 기상을 고려하여 적절한 시기에 심는다.

 본밭 관리

- 흑색 비닐피복 재배 시 정식 후 20~30일이 지나면 출아되며, 본밭의 수분 관리를 못하면 출아가 불량해진다.
- 본 잎이 4~5매가 되면 대체로 꽃대가 나오게 되는데 가급적 빨리 꽃대를 잘라 준다.
- 연작하면 초작했을 때보다 수량이 많이 감소하므로 반드시 윤작한다.

 병해충 관리

① 점무늬병(지상부)

잎에 발생하며 심한 경우 식물체 전체가 고사한다.

온도가 높고 습도가 높은 여름철 장마기에 주로 발생한다.

발생 초기에 지황에 등록된 GAP 적용 약제인 디페노코나졸 입상 수화제, 크레속심메틸 액상 수화제, 피리메타닐 수화제, 이미녹타딘트리스알베실레이트·티람 수화제 등을 살포한다.

② 뿌리썩음병(지하부)

뿌리가 변색되어 썩으며 심하면 그루 전체가 말라 죽는다.

습해에 의한 피해가 크므로 배수를 잘해 주어야 하며 연작을 피하고 두둑을 높게 만들고 장마철 배수 관리를 철저히 한다.

※ 출처/참고 문헌

농촌진흥청, 〈표준영농교본 지황〉, 《약용작물 매뉴얼》, 2010.

마. 백수오

 일반 특성

- 식물명: 큰조롱(기원 식물)

- 생약명: 백수오(白首烏)
- 이용 부위: 덩이뿌리

다년생 초본이며 덩굴성 식물로서 제주도, 남부 지방, 중부 지방, 북부 지방의 산야지, 산기슭, 양지, 초원과 해변의 비탈진 곳에 자생한다. 길이는 1~3m이며, 줄기는 담녹색을 띠고 시계 반대 방향으로 주변의 물체를 감고 올라간다. 줄기와 잎을 자르면 백색 유액이 나온다.

잎은 대생(對生)하며 심장형이고 표면은 농녹색이며 뒷면은 담녹색으로 잎끝은 뾰족하다. 잎 가장자리는 굴곡이 없이 밋밋하며, 잎자루는 원줄기 밑부분의 것은 길고 위로 올라갈수록 짧아진다.

7~8월에 연한 황록색 꽃이 피며 작은 꽃들이 우산 모양으로 피어 9월경에 긴 꼬투리가 생긴다. 꼬투리는 길이가 8~12cm 정도, 폭 1~1.4cm 정도의 피침형이며 그 속에는 80~100알 정도의 종자가 들어 있다.

 백수오의 효능

자양, 강장, 보혈 등의 효능이 있으며 『동의보감』에 기록된 백수오의 효능을 살펴보면 혈기를 보하며 힘줄과 뼈를 튼튼하게 하고, 머리털을 검게 하고 얼굴빛을 좋게 만든다고 전한다.

 재배 적지

우리나라 전 지역에서 재배가 가능하며, 토양은 유기물 함량이 많으면서 배수가 양호한 양토, 사양토가 적지라고 볼 수 있다.
토심은 20~40cm 정도가 적당하다.
물 빠짐이 나쁘면 뿌리가 부패하기 쉽고, 토심이 낮으면 뿌리의 뻗음이 나쁘고, 찰흙이 많은 밭은 뿌리의 비대가 나쁘고 수확이 힘들며, 자갈이 많은 밭에서는 뿌리의 발달이 좋지 않고 모양도 나쁘다. 사질 토양에서는 잔뿌리가 많이 발생하여 품질이 떨어지며 수량이 낮게 된다.

직파재배

- 중부 산간 지방 3월 하순~4월 상순에 두둑 비닐피복
- 종자 소독제로 소독한 종자 3~5립 파종(130g/10a)
- 싹이 20~30cm 정도 자랐을 때 1~2주 남기고 솎음
- 지주는 무지주, 울타리형, 아치형이 있다.

종근 식재

- 파종: 4월 초/출아: 5월 초중순/수확: 11월
- 재식거리:
  두둑 90cm × 헛골 50cm
  조간 40cm, 주간 20cm, 2줄 식재
- 평균 수량: 1~3kg/평

🌽 육묘이식재배

- 파종: 3월 중순/정식: 5월 상순/수확: 11월
- 재식거리:
  두둑 90cm × 헛골 50cm, 조간 20cm, 주간 20cm, 3줄 식재
  두둑 90cm × 헛골 50cm, 조간 40cm, 주간 20cm, 2줄 식재
- 평균 수량: 2~3kg
- 최고 수량: 7~8kg/평

🌽 병해충 관리

① 갈색무늬병
여름철 고온다습 시에 많이 발생하며 통풍과 채광에 주의

② 시들음병
발병 초기에는 잎이 자주색으로 변하다 진전되면 주 전체가 시들어 고사하며, 토양을 통해 전염되는 병이므로 심을 때 종자나 종근을 철저히 소독한다.
연작지에서 피해가 심하며 병원균은 후사리움 속 균이다.
이병주는 신속히 제거하여 소각한다.

※ 출처/참고 문헌

농촌진흥청, 〈표준영농교본 백수오〉, 《약용작물 매뉴얼》, 2010.

바. 도라지

도라지(Platycodon grandiflorum A. DC.)는 초롱꽃과의 여러해살이풀로 7~8월에 흰색이나 보라색으로 청초하게 꽃을 피운다. 우리나라의 민요에 등장할 만큼 우리에게 친숙하며 약용과 식용으로 많이 쓰인다.
약리 작용이 높은 식품으로도 각광받고 있으며 최근 건강 기능성식품으로 인기가 날로 높아만 가고 있다.
폐를 맑게 해 주고 가슴과 인후 부위를 편안하게 해 주기도 한다. 기침, 가래를 없애는 작용을 하여 감기 예방, 호흡기 질환 개선 등에 효과가 있다.

도라지와 관련된 슬픈 이야기를 소개해 본다.

옛날에 도라지라는 아름다운 처녀가 살고 있었다.
그녀에겐 어려서부터 양가 부모님이 정해 놓은 약혼자가 있었는데, 세월이 흘러 결혼할 나이가 되었지만, 남자는 공부를 더 하고 싶다고 중국으로 떠났다.
도라지 처녀에게 자기를 기다려 달라는 말만 남긴 채, 한 해가 가고 또 한 해가 지나도록 남자에게는 소식이 없었고, 중국에서 살림을 차렸다는 둥 좋지 않은 소문만 무성하였다.
처녀가 할 수 있는 일은 바닷가로 나가 약혼자가 떠나간 서쪽 하늘만 바라보는 것뿐이었다. 무정한 세월은 그렇게 흘러 도라지 처녀는 할머니가 되었지만 매일 바닷가로 나가 약혼자를 그리워하다 세상을 떠나고 그 자리에서 꽃이 되었다고 한다.
도라지는 영원한 사랑의 꽃말이자 슬프고 아름다운 도라지 처녀의 화신이 되었다.

 일반 특성

도라지의 약초명은 길경(桔梗)이며 초롱꽃과의 다년생 초본이다. 꽃은 7월 상순경부터 피기 시작하여, 종 모양이며 양성화로 수술은 5개이고 암술은 1개이다.

 생리활성 성분의 이용

도라지 사포닌은 용혈 작용이 있으며, 사포닌 함량은 겉껍질을 벗기지 않은 것이 높고 재배한 것보다 야생으로 자란 것이 높다. 재배한 것은 2년생이 높고 잎과 줄기에도 사포닌이 있으며, 특히 꽃이 필 때 많다. 약리 작용은 거담, 진해, 항균, 혈압 강하 작용, 혈당 강하 작용 등이 있다.

 재배 관리

우리나라 대부분 지역에서 재배가 가능하지만, 햇볕이 잘 드는 양지 쪽이 좋다. 사양토 내지 식양토로서 토심이 깊고 유기물 함량이 많은 곳이 좋으며 주로 직파한다.
발아 최적 온도는 20~25도이나 봄 파종은 3~4월 중에 실시하며 발아에 소요되는 기간이 10일에서 2주 정도 된다.
파종은 너비 90~120cm의 두둑을 만들고 6~9cm로 줄뿌림하거나 흩어뿌림한다. 300평당 소요되는 종자량은 3~4L이며 종자량 3~4배의 톱밥이나 가는 모래와 잘 혼합하여 뿌린다.
파종 후 아주 얇게 복토하거나, 복토하지 않고 답압하여 종자가 토양에 밀착되도록 한 후 볏짚을 덮고 물을 충분히 준다. 토양수분이 충분하면 파종 후 10일 정도면 싹이 트며 본 잎이 3~4매 되었을 때 사방 4~6cm 간격으로 솎아 준다. 뿌리 굵기를 촉진하기 위해 꽃대 잘라 주기를 실시하는 것이 좋다.
생육 초기에 잡초에 묻히기 쉬우므로 파종 후 입모하기까지 피복을 해 두면 토양수분 조절과 함께 잡초 발생을 억제할 수 있다. 잡초가 자라기 전 2회 정도 김매기를 해 주면 된다.

 비배관리 및 병해충 관리

밑거름은 밭갈이 전에 전량을 고루 흩어뿌리기 하고 로터리를 한 다음 밭두둑을 만들어 파종하며, 종자는 파종상을 만든 후 7~15일 후에 파종하여 비료의 피해가 없도록 한다.
웃거름은 6월 하순경 꽃대가 거의 생긴 후와 장마가 끝나는 7월 상·중순에 준다.
순마름병, 점무늬병, 줄기마름병, 탄저병, 줄기썩음병, 균핵병, 시들음병 등이 주로 발생하며 병 발생 초기에 약제 방제를 실시한다.

 **수확 후 관리**

캐낸 뿌리를 껍질째 말린 것을 피길경이라 하고 물에 깨끗이 씻어 겉껍질을 대칼로 벗겨 말린 것을 백길경(수출용)이라 한다.
담배 건조기(벌크)에서 50~60도의 온도에 건조하면 3~4일 만에 깨끗하게 건조된다.

※ 출처/참고 문헌

농촌진흥청, 〈표준영농교본 도라지〉, 《약용작물 매뉴얼》, 2010.

사. 더덕

 **일반 특성**

- 식물명: 더덕
- 생약명: 양유(羊乳)
- 이용 부위: 뿌리

더덕은 초롱과에 속한 다년생 초본 덩굴 식물로 우리나라에 자생한다. 줄기는 2~3m까지 자라면서 시계 방향으로 감아 올라가고, 담녹색을 나타낸다.
더덕은 식용뿐만 아니라 약용으로도 사용되며 건강식품으로서 더욱더

소비자에게 사랑받고 있다. 한방에서 양유, 사삼이라 불리며 맛이 달면서 약간 쓰고, 성질은 약간 찬 특유의 성질이 있다. 더덕구이, 더덕장아찌, 더덕나물, 더덕정과 등 다양한 요리로 즐길 수 있다.

더덕에는 Saponin, Inulin, Phytoderin, Leoithin, Pentosan 등 약효 성분이 있다. 특히 폐 기능을 원활하게 하여 기침을 멎게 하고 가래를 삭여 주는 역할을 한다.

 재배 환경

중산간 지역에 자생한다.

중남부 평야지 또는 그늘진 곳 등 우리나라 전 지역에서 재배가 가능하지만 기온과 지온이 낮고 낮과 밤의 일교차가 크고 유기물 함량이 높은 고랭지가 유리하며 더덕의 뿌리 생육과 사포닌과 향기 성분 등 품질이 좋다.

부식질이 많은 모래 참흙 땅으로 토심이 40~50cm 정도로 깊고 물 빠짐이 좋은 곳, 습기가 있고 통기성이 좋은 pH 6.0 정도의 약산성이 더덕의 생육에 적합하다.

점질토나 가뭄의 피해를 많이 받는 곳은 뿌리의 발육이 불량하므로 재배지로 적합하지 않으며 자갈이 많은 곳이나 모래땅의 경우에는 뿌리에 흠이 생기거나 잔뿌리가 많이 생겨 상품 가치가 떨어진다.

 재배법

직파재배와 육묘이식재배를 하는데 재배면적이 확대되면서 주로 직파

재배를 많이 한다.

직파재배는 밭에 직접 종자를 파종하여 재배하며 생육이 느리지만 뿌리가 갈라지지 않아 상품성이 높고, 뿌리썩음병 발생도 적다. 직파재배를 할 경우 잡초방제 및 수분 유지, 지온 조절을 위해 더덕 전용 비닐을 이용한 피복재배를 한다.

더덕 종자 파종 시기는 지역에 따라 다르지만 중남부 평야지대에서는 3월 하순부터 4월 상순 산간 고랭지에서는 4월 중순에 파종하는 것이 안전하다.

더덕을 재배할 밭에 깊이갈이를 하고 정지 작업을 한 다음 90~100cm 두둑을 만들고 비닐피복을 할 수 있도록 배수로를 30~60cm 정도 둔다.

더덕 전용 비닐은 백색과 흑색 비닐을 겹으로 붙여 만든 것으로 사방 10cm마다 정방형으로 구멍이 뚫려 있다. 비닐피복 방법은 여름철에 지온을 낮추도록 흑색 면이 지면으로 닿게 하고, 백색 면이 위로 향하도록 피복한다. 비닐은 토양수분이 알맞을 때 작업하여야 발아를 고르게 할 수 있다.

더덕 종자는 발아가 잘되지 않으므로 휴면기간(채종 후 120일 정도)이 지난 다음 2~5도의 저온에서 7일 이상 저온 처리한 후 파종해야 발아가 비교적 잘된다.

비닐을 피복한 다음 구멍에 3~5알씩 점파하고 흙으로 가볍게 복토한다. 300평당 3~5L 정도 종자가 필요하며 비닐에 더덕 종자가 부착된 씨비닐을 이용하여 파종하고 볏짚을 피복해 주면 인력 파종 또는 기계 파종에 비해 파종 노력을 50% 이상 절감시킬 수 있다.

발아 후 본엽 4~5매, 초장 4~6cm 정도 자랐을 때 1본만 남기고 솎음 작업을 하여야 한다. 시비량은 토양조건 및 비옥도에 따라 다르다. 사양토는 10a당 퇴비 1,500kg, 질소, 인산, 가리 각 6kg 시용이 적당하다. 질소비료는 70%를 밑거름으로 주고 나머지 30%는 꽃이 피기 전인 7월 중하순경에 웃거름으로 시용한다. 보수력 및 보비력이 좋은 토양은 전량 밑거름으로 주어도 생육에 별 차이가 없다.

척박한 토양에서 유기질비료를 사용할 경우에는 10a당 퇴비 3,000kg, 계분 200kg을 시용하고 질소 3kg, 인산 6kg, 칼리 3.5kg을 기비로 시용한다. 1년 차에는 7월 하순에 1회, 2년 차부터는 6월 하순과 7월 하순에 2회 웃거름을 주고, 가을에 퇴비로 피복을 해 주면 토양 보습 및 동해를 막는 효과를 동시에 나타낸다.

질소비료를 많이 시용하면 지상부 생육이 번무하고 뿌리 비대는 촉진되지만 조직이 연약해지고 섬유질이 적어져 월동 중에 뿌리썩음병이 발생하기 쉽다.

 본밭 관리

줄기가 덩굴 식물로 2~3년 재배해야 되므로 지주를 세워 덩굴 올리기를 해 주어야 한다.

덩굴 올리기를 하게 되면 수관 내 깊숙이 햇볕을 비추고 바람을 잘 통하게 하여 하위엽이 고사되는 것을 방지해 충분한 엽면적을 확보할 수 있으므로 동화량을 증진시키고, 병의 발생도 감소시켜서 수량을 증가시킬 수 있다.

순지르기는 꽃이 피기 20일 전에 순지르기 하면 근비대를 촉진하여 수량이 증대된다.

일자형 지주는 각목이나 파이프 등을 두둑의 중간에 2~3m 간격으로 단단하게 세우고 오이 망을 씌워 덩굴을 올리는 방법이다. 햇빛 투과량이 많고 편리하나, 강풍에 쓰러질 우려가 있다.

잡초방제를 위해서 묘를 정식하고 3일 이내에 재배면적 10a당 파미드 수화제 300g을 물 100L에 타서 골고루 뿌린다. 2년 이후부터는 짚이나 낙엽을 피복하여 잡초 발생을 억제하며, 고랑에 나는 풀은 배토를 겸하여 수시로 김을 맨다.

병해충 관리

① 세균성 마름병

여름철 장마기에 발생이 심하고 포자가 날아다니며 공기 중에 전염된다. 봄철 어린잎에 엽맥을 따라 담자색으로 변색되어 잎이 말라 죽고 이병주는 생육이 나쁘다.

② 녹병

동해를 받은 토양에서 심하게 나타나고 주로 물에 의하여 전염되기 때문에 지주를 세우지 않고 재배하는 포장에서 더 심하며 장마기에는 짧은 시간에 전 포장을 휩쓰는 경우도 나타난다. 발생 초기에 예방 위주로 방제한다.

잎의 앞면은 처음 황색의 작은 반점이 형성되고 점차 커지면서 병반과 병반이 합쳐져 큰 병반이 형성되기도 하며 심하면 잎 전체가 노랗게 변하며 죽는다.

③ 탄저병

잎과 줄기에 원형 내지 타원형의 병반이 형성되며 병반의 주위는 갈색 내지 자갈색을 띤다.
습도에 의해 공기전염하여 발생이 조장된다.

④ 점무늬병

잎에 부정형의 작은 점무늬가 형성되는데 병반의 내부는 탈색되고 가장자리는 갈색 내지 자색을 띤다.
전염 경로 및 발생 시기는 병 포자가 공기 중에 날아다니면서 전염되는데 온도가 높고 습기가 많은 여름철에 발생이 심하다.

⑤ 갈색무늬병

잎에 갈색 내지 암갈색의 부정형 병반을 형성하며 진전되면 병반이 확대되어 잎이 변색되고 말라 죽는다.
병 포자가 비산하여 공기전염이 되고 여름철의 장마기에 병 발생이 심하다.

⑥ 시들음병

식물체의 지제부가 약간 움푹 들어간 상태로 변색되어 마르며 지상부가 시들고 말라 죽는다.
연작을 피하고 지주를 세워 통풍을 좋게 한다.

⑦ 줄기썩음병

줄기의 지제부가 변색되어 썩으며 지상부의 생육이 나쁘고 뿌리가 잘

크지 않는다. 심하면 식물체가 시들어 죽는다.

⑧ 응애

피해 해충은 차응애가 주로 많다. 잎 뒷면에서 가해하지만 밀도가 높아지면 잎 앞면에도 흰점이 생기기 시작하고 피해가 진전되면 피해 부위는 점차 황색으로 변색된다.
발생이 많으면 잎이 변색하여 일찍 낙엽이 진다.

⑨ 뿌리혹선충

연작하였을 경우에 더욱 피해가 커서 뿌리 생육에 지장을 초래하여 상품의 질을 떨어뜨리고 수량에도 영향을 미친다.
연작을 피하고 윤작을 해야 하며, 뿌리혹선충이 발생된 밭은 재배를 피한다.

수확

수확시기는 밭에 심은 후 2~3년 차 가을에 낙엽이 진 후 생육이 정지된 10월 중순 이후부터 다음 해 봄에 싹이 나오기 전까지 용도에 맞추어 수확이 가능하다.
수확할 때는 뿌리가 상하지 않도록 주의하여 캐내고 수확 후에는 큰 뿌리와 작은 뿌리로 구분하여 작은 뿌리는 다시 심어 1년간 더 재배한 후 수확한다.

※ 출처/참고 문헌

농촌진흥청, 〈표준영농교본 더덕〉, 《약용작물 매뉴얼》, 2011.

아. 참당귀

참당귀는 산형과 초본으로 줄기는 암녹색에서 자줏빛을 띠며, 굵기는 직경이 2.0~3.0cm, 키는 1.0~1.5m이다.

참당귀의 성질과 맛의 특징을 살펴보면 성질은 따뜻(溫)하고 맛은 달고 매우며(甘辛) 독이 없다. 주요 성분은 쿠마린으로 데쿠르신, 데쿠시놀 등이다. 껍질을 제거하지 않은 뿌리를 약재로 쓴다.

주산지는 강원도 평창, 진부와 경북 봉화 등 대부분 여름철 기온이 서늘한 지역이다.

한방에서는 십전대보탕, 당귀작약산 등의 약재에 쓰인다. 여성을 위한 약초라고 불릴 만큼 부인병에 효과적이라고 한다. 당귀차는 향과 맛이 일품이다.

당귀의 유래와 관련된 이야기를 소개해 본다.

중국 명나라 때 왕용이라는 사람이 살고 있었다.
왕용은 결혼한 지 일 년이 채 안 되었을 때 새색시를 남겨 두고 약초를 캐기 위해 산으로 들어갔고 이후 소식이 끊겼다. 아내는 3년여 동안 남편을 기다리다가 결국 가난을 견디지 못하고 개가를 했다.
그 후 그녀는 월경이 끊어지고 몸이 쇠약해져 언제 죽을지 모르는 병에 걸리게 되었는데, 때마침 산에서 돌아온 왕용이 캐온 약재를 얻어 달여 먹고 씻은 듯이 병이 나았다.
그러나 그녀는 이미 다른 사람의 아내가 된 처지여서 왕용은 "마땅히 돌아올 사람은 돌아온다"라는 뜻인 "장부당귀(丈夫當歸)"라는 말을 남기고 돌아설 수밖에 없었다.
그 후 왕용이 사용한 약재를 당귀라고 불렀다고 한다.

또 다른 재미있는 이야기의 하나로 바람난 남편이 중풍에 걸렸을 때 본처가 당귀를 달여 먹여 쾌차하자 아내에게 다시 돌아오게 되었다는 이야기도 있다.

 **재배 적지**

재배 적지는 7~8월의 평균 기온이 20~22도 정도인 중북부 산간 고랭

지에서 잘 자라며 꽃대도 적게 생긴다. 특히 일교차가 크고 일사량이 많은 곳에서 생육과 품질이 좋다.
토심이 깊고 물 빠짐이 좋은 질참흙이나 참흙으로 수분을 지니는 힘이 좋아야 한다.
연작하면 병충해가 많아지고 수량이 낮아지며 뿌리혹선충의 피해가 많아지므로 율무나 참깨를 바꿔 심으면 뿌리혹선충의 밀도를 줄일 수 있다.

재배양식

직파재배와 육묘이식재배가 있다.
종자를 본밭에 직접 파종하여 당년에 수확하면 육질은 연하나 품질과 뿌리 수량이 낮으므로 약용은 2년 이상 길러야 한다.
2년생 재배는 1년 동안 묘 기르기를 하여 본밭에 옮겨 심어 재배하는데, 묘 기르기 종자의 파종은 늦가을이나 이른 봄에 한다.
1년간 기른 묘를 본밭에 옮겨 심는 시기는 3월 하순~4월 하순까지이며 묘 심는 방법은 50~60cm 이랑에 포기 사이 20~25cm 간격으로 묘를 45도 각도로 비스듬히 눕혀서 묘두가 보이지 않을 정도로 심는다.

주요 병해방제

① 점무늬병
잎에 발생하며 처음에는 갈색의 점무늬로 나타나고 병이 심하게 진전되면 잎의 색이 퇴색하고 말라 죽는다. 연작을 피하고 병든 잎이나 뿌리를 제거해 준다.

약제 방제는 테부코나졸 유제를 1,000배액으로 희석하여 발병 초부터 10일 간격으로 약액이 식물체의 잎에 골고루 묻도록 살포한다. 수확 전 14일까지 3회 이내 사용한다. 아족시스트로빈 수화제 1,000배액을 6월 중순부터 10일 간격으로 약액이 충분히 묻도록 고루 뿌리며 수확 전 7일까지 3회 이내로 사용한다.

② 갈색점무늬병
잎에 발생하며 흑갈색의 작은 반점이 형성되고 오래된 병반은 찢어지고 너덜너덜하다.

③ 줄기썩음병
5~8월에 많이 발생되며 병에 걸린 식물체는 줄기 밑 부분부터 갈색으로 변색되어 썩으며 병이 심하게 진전되면 뿌리까지 썩고, 식물체가 말라 죽는다.
연작을 피하는 것이 가장 중요하며 병든 포기가 발견되면 바로 제거를 하고, 삽 등을 이용하여 뽑아낸 포기 주위의 흙도 어느 정도 제거하여 병원균의 밀도를 줄인다.

④ 뒷면점무늬병
잎의 엽맥을 경계로 황화되어 각진 형태의 황색 반점이 나타나 노균병의 병징과 유사하게 보이기도 한다.
밀식할 경우 발생이 많아지므로 재식거리를 지키도록 하고 이병된 잎은 신속히 제거한다.

⑤ 균핵병

주로 일당귀에서 많이 발생한다. 생육이 나쁘고 시들어 죽는다.
비가 많이 올 때 물 빠짐이 잘 안되면 발생하므로 배수로 정비를 잘하고 병에 걸린 포기는 뽑아서 불에 태우고 구덩이를 소독한다.

 수확

당귀는 정식한 그해 가을인 11월 상중순에 잎이 누렇게 변할 때 수확하는데, 수확 후 건조 및 관리 방법에 따라 품질이 많이 달라진다.
밭에서 수확한 뿌리는 반드시 흙을 털고 잎줄기를 1.5cm 정도만 남기고 잘라 버린다. 뿌리를 물로 씻은 다음 햇볕에 6~9일 정도 노지에서 건조시킨 후 뿌리의 형태를 보기 좋게 교정하고 50도 정도의 온도로 건조기에 넣어 3~4일 정도 완전히 말린다.
건조된 당귀는 온도가 낮고 건조한 곳에서 저장한다.

※ 출처/참고 문헌

경상북도농업기술원 봉화고냉지약초시험장, 《알기 쉬운 당귀재배》, 경상북도농업기술원, 2012.
신삼기, 『약용식물학』, 한국약초대학, 2016.

자. 구기자

 일반 특성

- 식물명: 구기자
- 학명: Lycium chinense Mill.
- 이용 부위: 생약재, 음료, 차
  구기엽은 차, 나물, 약용

구기자는 명안초자(明眼草子롱), 청정자(靑精子)등으로 불리는데 이용 부위별로 구기자, 구기엽, 지골피로 분류한다. 피로 회복, 시력 보호, 혈액순환 촉진, 항산화 등 다양한 효능으로 인해 예로부터 귀중한 약초로 사랑받아 왔다.

진시황제가 불로장생약을 찾아 세계 각지로 신하들을 보냈는데 그때의 궁중 비법으로 되어 있는 불로장수의 처방에는 오로환동환(五老還童丸), 칠보미발단(七寶美髮丹), 연령고본환(年齡固本丸) 등의 세 가지가 있었다.

이 세 가지 처방에는 공통으로 구기자를 이용하고 있어 진시황제의 불로초가 구기자라는 이야기도 있다.

 구기자의 이용 부위별 효능

① 구기자
간 기능 보호, 혈액순환 촉진, 지질대사 개선, 시력 보호, 세포성 면역 증가, 피로 회복 등

② 구기엽
혈관계 질환 치료, 항산화 등

③ 지골피
해열, 저혈당 치료, 혈압 강화, 항산화 등

 재배 환경

① 기상
햇빛이 잘 들고 통풍이 잘되는 곳이 좋다.
전국 재배가 가능하나 열매 생산은 중남부 지방이 유리하다.

② 토양
비옥도 중 정도인 사양토 내지 식양토, 배수가 양호한 곳이 좋다.

③ 경영과 재배상의 문제점
- 병해충 발생에 의한 품질 및 수량 감소
- 재배 시 많은 노동력 필요
- 가격 변동이 심함
- 유통 질서 미확립
- 수요량이 파악되지 않아 생산량 조절 곤란
- 신품종 육성 보급 미흡

 품종별 특징

① 명안
- 중만생종, 다수성
- 병해충: 탄저병(강), 흑응애(강), 흰가루병(약)
- 자가불화합성으로 필히 수분수 혼식 재배
- 적기 수확 및 병해충은 예방 위주 방제

② 불로
- 조생종, 다분지형, 대과 다수성
- 병해충: 탄저병(중), 흑응애(약), 흰가루병(약)
- 자가불화합성으로 필히 수분수 혼식 재배
- 적기 수확 및 병해충은 예방 위주 방제

③ 청대
- 중만생종, 대과 다수성

- 병해충: 탄저병(중), 흑응애(강), 흰가루병(약)
- 자가불화합성으로 필히 수분수 혼식 재배
- 적기 수확 및 병해충은 예방 위주 방제

④ 장명
- 중생종, 대과 다수성
- 병해충: 탄저병(중), 흑응애(강), 흰가루병(약)
- 자가불화합성으로 필히 수분수 혼식 재배
- 적기 수확 및 병해충은 예방 위주 방제

⑤ 청운
- 중생종, 대과 다수성
- 병해충: 탄저병(중), 흑응애(강), 흰가루병(약)
- 자가불화합성으로 필히 수분수 혼식 재배
- 적기 수확 및 병해충은 예방 위주 방제

 재배 방법

① 번식 방법 및 정식
- 번식 방법: 삽목, 휘묻이, 분주, 종자 등이 있으나 삽목 좋음
- 시기: 3월 중순~ 3월 하순
- 재식거리: 120×40cm
- 심는 방법: 비닐멀칭 한 후 삽수를 45도로 비스듬히 식재, 땅 위 2~3cm 올라오도록 식재

② 수분수 혼식
- 현황 및 문제점: 구기자는 일반적으로 자가불화합성이 있어 동일 품종 재배 시 수정이 불량하여 수량이 저하되므로 적정 수분수 혼식으로 결실률 향상이 필요하다.
- 실천 사항: 신품종 재배 시 추천 수분수를 반드시 혼식한다.
  적정 수분수 혼식 비율은 2열(주품종) 대 1열(수분수)
  불로는 청양 재래, 청대는 명안과 혼식하며 장명은 청운과 혼식 재배한다.

③ 시비법
- 유기질비료: 4,000kg/10a
- 3요소: N-P-K=40-30-30kg/10a

④ 솎기, 적심 및 유인
- 솎기: 한 주당 4~5본
- 적심: 순이 25~30cm 시 5~10cm 적심, 3회 실시
- 유인: 1차 적심 후 5m 간격으로 지주를 세우고 끈으로 유인

⑤ 비가림 재배
- 방제 노력 및 비용 절감, 기상재해 회피
- 고품질 저농약 안전 생산으로 소비자 신뢰
- 수량 증수 및 안전 생산으로 소득 증대

⑥ 수목형 재배
- 병해 발생이 적다.
- 개화기가 빠르고 수량성이 증대된다.

 병해충

① 탄저병
- 병징과 발생 상태: 7월 중순~9월 하순 강우 및 고온다습한 경우 심하며 열매나 열매꼭지에 발병한다.
- 방제법: 전염원은 소각하고 배수 및 통풍을 철저하게 하며 프로피네브 수화제, 홀펫 수화제, 디치 수화제, 만코지 수화제, 타로닐 수화제 등을 사용기준에 준하여 살포한다.

② 총채벌레
- 피해 및 발생 형태: 꽃, 어린잎 및 열매를 가해하며 하절기 고온건조할 경우 발생이 심하다. 꽃노랑총재벌레의 피해가 심하다.
- 방제법: 정기적인 예찰을 실시하며 발생 초기에 적용 약제를 살포한다. 이미다클로프리드 수화제, 스피노사드 과립 수화제, 칼탑·부프로페진 수화제, 클로르페나피르 유제 등을 사용기준에 준하여 살포한다.

③ 파밤나방
- 피해 및 발생 형태: 연간 4~5회 발생하며 애벌레는 황록에서 흑갈색이며 나방은 황갈색이다.
- 방제법: 갓 깨어난 애벌레를 집중 방제하며 비펜트린·그로포 수화제,

에토펜프록스 유제, 클로르페나피르·비펜트린 수화제 등을 사용기준에 준하여 살포한다.

수확 및 품질관리

① 수확시기
- 구기자 적기 수확(과숙 직전): 선홍색, 탄력 있는 육질
- 수확 당일 건조: 양분 손실 없음, 선홍색
- 수확 후 세척 및 선별: 오염물질 제거, 품질 향상 등
- 열풍건조: 1단계 55도 1시간, 2단계 50도 35~40시간
  통풍구 조절은 1단계는 완전 개방, 2단계는 1/3 개방

※ 출처/참고 문헌

농촌진흥청, 〈구기자〉, 《지자체농업정보》, 사이버농업인대학, 2009.

너도 누군가의 그리움이다

그리운 사람은 빨리 떠난다
온 마음을 다해 사랑했던 연인과
늘 우리 곁에 있을 것만 같았던 엄마……
이제 또다시 베갯잇 적셔 가며
당신들을 그리워할 차례다
그리고 이 그리움의 길에서 만나는 운명과도 같은 그것은
또 다른 나를 성숙하게 한다
코끝을 스치는 향긋한 바람이 속삭인다
너 자신을 더욱 사랑하라고

너도 누군가의 그리움이기 때문에……

4) 아모르파티(amor fati)

아모르파티는 『짜라투스트라는 이렇게 말했다』의 철학자 니체의 운명관이다. 운명에 대한 사랑을 뜻하며 삶의 의미, 존재 이유, 가치에 대한 질문이며 해석이다.
자신의 삶의 의미는 자신이 부여하는 주체적 인간의 표상이며 삶에 대한 긍정의 언어다.

우리는 누구나 각자 인생의 주인공이다.
또한 행복하고 싶고 최고로 행복해야 한다.
그러기 위해서 이 말을 항상 기억하자.
"지금 나는 행복하다.
그리고 더 행복해지려고 노력할 것이다."
행복은 언제나 마음속에 있는 것이다. 하지만 마음은 고요한 한 점이 아니라 순간순간 움직이는 우리의 또 다른 모습이다.

"최고의 인생은 최고의 마음이다."

그 마음은 행복한 마음이며 나의 인생을 가장 추억이 많은 행복한 삶으로 이끌어 내는 원동력이다.

마음의 절반은
나를 위해

1장. 운명의 선택

전 세계 젊은이들의 심장을 거세게 뛰게 했던 비틀즈가 해체되고 박정희 정권에 의해 한국적 민주주의의 정착이라는 미명 아래 헌법 정신과 힘없는 국민들의 기본권이 철저히 외면당하고 있던 1970년 5월 8일 충주역 국숫집 앞.

쏟아지는 빗속에서 미모의 무녀 예화는 4살, 1살인 두 아들만 남겨 두고 비정하게 자신을 버리고 떠나가는 초임 검사 성철을 향해 울부짖었다.

"제발 성철 씨! 떠나지 말아요. 나 혼자 상우, 상룡이를 어떻게 키우란 말이에요. 나를 사랑해 달란 말은 하지 않을게요……."

"그만해! 듣기 싫단 말이야. 더 이상 너를 사랑하지 않아!"

성철은 뒤도 돌아보지 않고 예화의 손길을 뿌리치고 비정하게 돌아섰다. 빗줄기는 점점 거세어졌고 울다 지친 예화는 어린 두 아들이 기다리는 방으로 되돌아왔다. 예화는 사흘 동안이나 식사도 하지 않고 술만 들이켰다. 이 불쌍한 것들을 데리고 어떻게 살아야 하나? 눈물이 앞을 가렸지만 더 이상 슬퍼할 수만은 없다.

예화는 어금니를 꽉 물었다. 죽을 마음으로 열심히 살리라!

다음 날부터 예화는 어린 두 아들을 옆집 숙이 아줌마에게 맡기고 굿을 하러 열심히 돌아다녔다. 예화는 천신굿(재수굿)을 주로 하는 무녀로 충청도 일대에 나름 유명한 무속인이었다. 시간이 지나면서 몸은 피곤하고 힘들었지만 돈을 제법 벌게 되면서 점차 안정을 찾아 가기 시작했다.

그렇게 3년의 세월이 화살처럼 흘러갔다. 상우가 7살이 되었고 상룡이가 4살이 된 따스한 4월의 어느 날이었다. 천진난만하게 응석을 부리고 놀던 상룡이가 갑자기 온몸이 불덩이처럼 뜨거워지며 열병이 나더니 읍내에 있던 도립 병원에 갔다 온 지 사흘 만에 갑자기 세상을 떠났다. 너무 순식간의 일이라 미처 슬퍼할 시간도 없었던 예화는 상룡이의 시신을 읍내에서 10리나 떨어진 외딴 산골 절골 마을 설통바위 옆에 조그만 돌무덤을 만들고 묻어 주었다. 그녀가 끼고 있던 용 문양 쌍가락지 하나와 함께….

그리고 사흘 후 다시 돌무덤을 찾았다. 불쌍한 상룡이의 넋을 위로해 주는 굿을 하기 위해 찾은 것이었다. 이상하게 돌무덤이 조금 파헤쳐진 듯 보였으나 자신이 착각한 것이라 생각한 예화는 정성껏 굿을 하고 집으로 돌아왔다.

한편 설통바위 밑 동굴 속에는 소록도에서 모진 학대를 견디다 못해 탈출하여 이곳까지 오게 된 24살 한센병 환자 미숙이가 마을 사람들에게 동냥하며 살아가고 있었다.

절골 마을은 30여 가구가 옹기종기 모여 사는 산골이라 인심도 비교적 좋아 미숙이를 불쌍하게 여겨 매일 돌아가며 미숙이에게 식사와 필요한 생필품을 제공해 주었다.

특이하게도 미숙이는 파로라는 이름을 가진 매를 훈련시켜 자신이 하지 못하는 일을 해결하기도 했는데, 상룡이가 묻힌 돌무덤이 이상하게 꿈틀거리자 파로에게 무덤을 파헤치게 하였고 상룡이가 아직 살아 있다는 것을 알게 되었다.

의식을 잃고 깨어나지 못한 상태에서 죽은 줄 알고 예화에 의해 돌무덤에 묻히게 된 것이다. 미숙이는 두려워하는 상룡이를 자신의 동굴 움막으로 데리고 와 정성껏 돌보아 주었다. 마치 하늘이 자신에게 아들을 내려 준 것처럼 상룡이를 사랑스럽게 바라보았다.

상룡이의 기력을 회복시키려고 파로에게 토끼를 사냥하게 하고 자신도 마을 사람들의 소소한 일을 도와 부지런히 먹을 것을 얻어 왔다.

그러나 상룡이가 9살이 되던 해, 미숙이는 자신이 폐병으로 얼마 살지 못할 것을 알게 되었고, 서울 동작구 상도동의 자식 없는 집에 상룡이를 양자로 보내고 얼마 후 세상을 떠났다.

양부는 상룡이에게 태경이라는 새로운 이름을 지어 주며 친아들처럼 극진한 사랑을 베풀었다.

상룡이도 처음 몇 달 동안은 낯선 환경 탓인지 서먹서먹하였으나 차츰 양부모의 사랑을 받으면서 무럭무럭 자랐다.

한편 예화는 자신의 기구한 운명을 원망하면서도 상우 하나만은 지극정성으로 키우려고 노력했다. 어린 상우는 기특하게도 엄마의 마음을 어떻게 알았는지 착하고 슬기롭게 잘 자라 주었고 얼굴도 귀공자풍으로 변해 갔다.

그 시각 가난하고 무기력했던 자신을 헌신적으로 뒷바라지해 준 예화와 어린 두 아들을 배신하고 비정하게 떠난 성철은 서울지검에 근무하며 출세를 위해 건설재벌 이승우의 딸 연주와 정략결혼을 하였다. 성철과 연주 사이에 소연이라는 예쁜 딸이 태어났고 덧없는 세월은 또 부지런히 흘러갔다.

2장. 세월이 흐른 뒤에

1994년 3월. 연세대학교 캠퍼스 앞.

3년 전 양부모 모두가 세상을 떠난 후 다시 고아가 된 태경(상룡)은 빚 때문에 상도동 집을 팔아 버리고 월세방으로 옮겨 학교 앞에서 '청춘열차'라는 이름의 분식집 겸 포장마차를 운영하면서 야간 대학을 다니고 있었다.

청춘열차 단골손님 중에 눈에 띄는 예쁜 미모의 여대생이 있었으니 바로 출세에 눈이 멀어 예화와 어린 두 아들을 비정하게 버리고 정략결혼을 선택한 검사 출신 국회 의원 성철의 딸 소연이었다.

소연이는 연세대학교 4학년 졸업반으로 단짝 진아, 그리고 일본인 교환 학생 나오코와 함께 일주일에 두 번 이상은 청춘열차에 들러 떡볶이를 먹으며 수다를 떨기도 하고 곰장어에 소주 한잔 마시며 젊음을 이야기했다.

최근에는 진아가 잘생기고 친절한 태경에게 호감을 느껴 점점 방문 횟수가 잦아졌다. 하지만 태경이는 진아보다 소연이에게 호감이 있는 듯 보였다.

봄비가 가냘프게 내리던 날 소연은 진아, 나오코와 함께 청춘열차를 찾았다.

"안녕하세요? 요즘 자주 오시네요. 졸업반이라 바쁘지 않아요?"

태경이가 미소를 띠며 소연을 바라보며 말을 건넸다. 소연이 미처 말을 꺼내기도 전에 진아가 말을 가로챘다.

"바쁘긴 해도 졸업 여행은 갔다 와야죠. 저희 이번 달에 나오코 고향인 오사카로 벚꽃 여행 가기로 했어요."
"좋으시겠다. 저도 일본 여행 가 보고 싶거든요. 특히 북해도를 여행해 보고 싶어요."
"북해도는 겨울이 최고라더군요. 언제 시간 내셔서 다녀오세요."
소연이가 상냥하게 말했다.
"그러고 싶어도 좀처럼 시간 내기가 어렵거든요. 낮에는 가게 일하고 밤에는 수업 듣고……. 뭐, 그러다 보면 1년이 금방 지나가거든요. 참, 우리 가게에 자주 오시는 분도 이번에 일본으로 졸업 여행 간다고 하시던데요."
때마침 상우가 친구 영준과 함께 청춘열차 문을 열고 들어섰다. 상우의 수려한 용모 때문이지 갑자기 내부가 환해지는 듯 보였다.
"안녕하세요? 태경 사장님. 여기 곰장어랑 소주 한 병 주세요."
상우는 들어서자마자 술부터 찾는다.
"무슨 일 있으셨어요? 한동안 안 보이시던데."
"예. 충주 고향에 다녀왔습니다. 어머니가 혼자 계시거든요."
"그러셨구나. 저도 원래 고향은 충주거든요. 9살 때 서울로 왔습니다."
"청춘열차 3년 차인데 태경 사장님 고향이 충주인 건 처음 알았네요. 앞으로 잘 부탁드립니다."
"별말씀을. 앞으로 제가 고향 형님으로 잘 모실게요. 그럼 말씀 나누세요."
태경은 상우에게 소주 한 병과 곰장어 한 접시를 내려놓고 소연 일행이 있는 곳으로 다가갔다. 진아가 태경이를 바라보며 쏘아붙이듯 물었다.
"저 남자 여기 자주 오나요? 연세대 킹카 이상우를 여기서 보다니!"

"아시는 분이에요?"
"연세대 이상우를 모르면 간첩이지요. 잘생긴 외모에 사법고시 수석 출신 예비 검사, 게다가 성격까지 좋은 킹카거든요."
"우리 가게에 자주 오시거든요. 워낙 잘생긴 인물이라 눈에 확 띄긴 하지만 예비 검사라는 사실은 처음 듣네요. 성격은 남자답고 다정하기도 하고요."
"저 남자 소연이하고 잘 어울릴 것 같지 않나요?"
"예? 글쎄요……. 저는 잘 모르겠는데요."
"에이! 모르긴 뭘 몰라요. 킹카와 퀸카의 환상적 조합. 딱 봐도 이건 그림이잖아요."
"진아야. 그만해."
소연이가 얼굴을 붉히며 말했다.
"얘, 얼굴 붉어진 것 좀 봐! 많이 좋아하나 보네."
"요즘 교회에 왜 안 나오세요?"
소연이가 갑자기 화제를 돌리며 태경이에게 물었다. 작년부터 태경이는 소연이가 다니는 제일교회에 다니고 있었다.
"요즘 너무 피곤해서요. 다음 주부터 열심히 나갈게요."

그로부터 보름 후 3월 26일 소연은 진아와 함께 나오코의 초청으로 오사카로 날아갔다. 오사카는 아름다운 벚꽃으로 절정의 아름다움에 취해 있었다. 오사카 성 입구에서부터 벚꽃 행렬이 이어져 눈이 부시게 아름다웠다.
소연은 진아, 나오코와 함께 오사카 성 입구 빨간색 푸드트럭에서 녹차 아이스크림을 사려고 수많은 인파를 헤치며 들어가다 귀에 익은 한국말을 듣고 고개를 돌려 바라보았다.

놀랍게도 상우가 친구 영준과 함께 푸드트럭 앞에서 아이스크림을 사고 있었다.

소연이의 모습을 보았는지 잠시 후 상우가 녹차 아이스크림 세 개와 노란 막대풍선을 사서 소연에게 건네주었다.

"고맙습니다. 그런데 여긴 어떻게?"

소연이 상우에게 물었다.

"저도 친구랑 졸업 여행 왔습니다. 그동안 고시 공부하느라 여행 한 번 못했거든요."

"예. 그럼 친구분과 즐거운 시간 보내세요."

소연이 수줍은 듯 말했다.

"청춘열차에서 뵙겠습니다. 제가 소주 한잔 사겠습니다."

상우와 영준이 벚꽃 사이로 사라진 후 진아가 소연에게 놀리듯 말했다.

"어쩜! 킹카는 퀸카를 알아본다더니! 너 좋겠다."

"쓸데없는 소리 그만하고 구경이나 해."

소연이가 기분 좋은 짜증을 내며 되받았다. 소연 일행과 헤어진 상우는 일찍 저녁을 먹고 도톤보리의 아름다운 야경을 구경하고 가부키 극장과 술집들이 꽉 찬 거리를 돌아다니며 오랜만에 맘껏 취했다.

상우는 10시경 숙소 근처인 라라포트(LaLaport)에서 가벼운 쇼핑을 하고 다음 날 교토의 청수사를 찾았다. 버스에서 내려 상점이 즐비한 좁은 골목을 지나 청수사 입구에 도착하여 향을 피우고 종이에 충주에 계신 어머니를 건강하고 행복하게 해 달라고 빌었다. 한 시간 정도 주변을 구경하다가 바위에서 물이 가늘게 세 갈래로 떨어지는 곳에서 물을 받아 마셨다.

화창한 날씨 때문인지 청수사는 기모노를 곱게 차려입은 여인과 단체 여행을 온 수많은 관광객으로 아름답게 북적였다. 꿈결 같았던 벚꽃 여행의 추억을 간직한 채 상우는 4월 5일 캠퍼스로 돌아왔고 일주일 후 소연 일행도 학교로 돌아와 본격적인 취업 준비에 몰입하였다.

상우는 검사 발령을 앞두고 마무리 수업 준비에 집중하였다. 그런데 이상하게도 일주일마다 같은 모습이 꿈에 나타나기 시작했다. 특이한 것은 꿈의 내용도 거의 비슷하고 똑같은 장소가 계속 반복적으로 나타나는 것이었다.

꿈속의 장소는 야생화가 아름답게 핀 일본의 몽환적인 섬으로 등대에 6월 15일이라고 적혀 있었다.

상우는 충주에 계신 어머니(예화)에게 전화를 걸어 꿈 이야기를 했다. 어머니는 현몽이니 6월 중순경 꿈속의 장소와 비슷한 곳을 찾아가라고 했다. 상우는 여행사에 전화를 걸어 일본의 섬 중에 꿈속의 장소와 비슷한 곳을 알려 달라고 했다. 여행사 직원은 한 시간 후 홋카이도 레분 섬을 추천해 주었다.

두 달 후 상우는 단짝 영준과 함께 삿포로를 거쳐 왓카나이에 도착했다. 왓카나이에서 쾌속선을 타고 두 시간을 달려 도착한 레분섬! 해마다 6월 중순경이면 금매화와 솜다리, 매발톱꽃과 원추리, 흰털쥐손이풀, 개불알꽃 등 300여 종의 고산 식물이 온 섬을 아름답게 점령하고 꽃과 코발트 빛 푸른 바다, 서정적이고 앙증맞은 버스 정류장의 모습 또한 이채로워 사랑스러운 사람과 오롯이 걷고 싶은 길!

상우와 영준은 수코톤 곶에서 8시간 코스를 느리게 걸으며 풍경을 감상했다. 해안 길을 걷는 동안 바다는 숨고 나타나기를 적절하게 반복했고 각양각색의 아름다운 야생화는 상우의 마음을 기쁨과 설렘으로 요동치게 했다.

설렘과 느림의 미학이 적절히 조화된 8시간 코스가 끝나고 상우와 영준은 카푸카 항구 근처의 바다가 잘 보이는 아담한 식당을 찾았다. 근처의 풍경이 꿈속에서 본 장소와 비슷해 보였다. 식당은 트레킹을 마친 외국인들과 일본인들로 가득 찼다. 상우는 성게덮밥을 주문하고 피곤함에 잠시 눈을 감았다. 따스한 햇살이 얼굴을 부드럽게 마사지해 주었다.

"상우 형님 안녕하세요? 세상 정말 좁네요. 여기서 보게 되다니."

한국말로 소리치는 듯한 소리에 놀라 뒤돌아보니 놀랍게도 청춘열차의 태경이가 웃고 있지 않은가?

"아니 태경 씨가 여긴 어떻게? 앉으세요. 같이 식사합시다."

"예, 저도 북해도에 꼭 한번 오고 싶었습니다. 그리고 요즘 이곳 풍경과 똑같은 장소를 걷고 있는 꿈을 반복해서 꾸었습니다."

"거참 괴이하군요. 나도 꿈속에서 이 섬의 모습을 반복적으로 보았어요. 그래서 레분섬을 찾아온 거예요."

상우와 태경이가 정답게 이야기를 주고받는 사이 여종업원이 주문했던 성게덮밥을 테이블에 내려놓았다. 세 사람은 한동안 아무 말 없이 식사에 집중했다. 식사가 거의 끝나갈 무렵 영준이가 두 사람을 힐끗 쳐다보더니 말을 건넸다.

"자세히 보니까 두 사람이 많이 닮은 거 같은데."

"그렇게 말하면 상우 형님이 기분 나쁘시죠. 저보다 10배는 미남이신데요."

태경이는 웃으며 영준이의 말에 대답했다.

"무슨 그런 말을! 태경 씨가 훨씬 더 낫지."
도란도란 이야기를 하며 식사를 끝낸 상우는 태경이와 작별 인사를 하고 숙소로 발길을 돌렸다.
그리고 다음 날부터 이틀간 북해도의 아름다운 명소를 느리게 걸었다. 상우는 3박 4일의 짧고 아름다운 일본 여행을 마치고 6월 20일 캠퍼스로 복귀했다.

서울의 계절은 벌써 초여름으로 접어들고 있었고 상우는 캠퍼스의 낭만을 잠시 접고 검사 임용을 위한 마무리 준비에 온 정성을 기울였다. 한편 소연은 하반기 공기업 취업 준비에 여념이 없었고 진아도 가끔씩 청춘열차에 태경이의 얼굴을 보러 가는 것을 제외하고는 교생 실습 준비로 나름대로 바쁜 시간을 보내고 있었다.
태경이는 처음에는 소연이에게 관심이 있었으나 차츰 상냥하고 친절한 진아에게 마음이 끌리게 되면서 둘은 부쩍 가까운 사이로 발전하였고 시나브로 계절은 10월의 문턱에 들어서고 있었다.

가을비가 소리 없이 내리던 어느 날 밤 오랜만에 상우는 영준과 함께 청춘열차를 찾았다. 1시간 정도 영준과 소주를 마시며 이야기하던 상우는 갑자기 쿵 하고 사람이 쓰러지는 소리를 듣고 뒤를 돌아보았다. 태경이가 힘없이 쓰러진 것이다. 상우는 깜짝 놀라 기운이 없는 태경이를 부축하며 영준이에게 구급차를 부르게 했다.
5분 후 도착한 구급차에 태경을 태우고 상우는 보호자로 동행하여 병원에 도착하였다. 태경이는 곧바로 의사와 간호사들에게 둘러싸여 응급실로 들어갔고 상우는 응급실 밖 의자에 앉아 초조하게 결과를 기다렸다. 이윽고 응급실 밖으로 나온 의사는 상우에게 태경이 과로로 인한 스트레스와 신부전증이 의심되니 이틀 동안 입원해서 정밀 검사를 받아 보자고 제의했다.

상우는 태경을 병원에 입원시키고 일단 집으로 돌아와서 레드와인 한 잔을 마시고 잠이 들었다.

다음 날 상우는 일찍 등교하여 담당 교수님을 면담하고 2시간짜리 전공 수업을 마치고 곧바로 태경이가 입원한 병원으로 갔다. 담당 의사는 상우의 얼굴을 보더니 급하게 뛰어왔다.

"보호자님, 이태경 씨 상태가 좋지 않습니다. 신장이 심한 손상을 받고 기능이 감소한 말기신부전증이라 빠른 시일 내에 신장 이식을 받아야 합니다."

상우는 당황하고 놀라서 마시고 있던 커피를 떨어뜨렸다.

"예, 잘 알겠습니다. 감사합니다. 선생님."

상우는 좀처럼 피우지 않던 담배를 꺼내 물었다.

잠시 후 상우는 태경이의 입원실로 들어갔다.

"태경 씨, 의사 선생님 말씀이 과로로 인한 신장 기능이 조금 안 좋은 상태니 푹 휴식을 취하라고 하네요. 이틀 동안 몸조리 잘하세요."

"보살펴 주셔서 감사합니다. 상우 형님."

"별말씀을! 그럼 청춘열차에서 봐요."

인사를 마치고 병원을 나서던 상우는 태경이의 열쇠고리에 묶여 있던 용 문양의 쌍가락지 한 개를 보고 까무러치게 놀랐다. 그것은 어머니가 자신에게 준 용 문양 쌍가락지와 똑같았다. 상우는 태경이에게 쌍가락지의 사연에 대해 물었다.

"제가 9살 때 어머니가 돌아가시면서 저를 서울로 입양을 보내고 주신 겁니다. 저의 생모가 저에게 남기신 거라고 하면서요."
"그럼 서울로 오기 전에는 충주 어디서 살았어요?"
"절골 마을 동굴 움막에서 어머니와 같이 살았습니다."
"어머니 이름은 기억하나요?"
"예. 키워 주신 엄마의 이름은 미숙입니다. 생모의 이름은 모르겠고요. 다만 어머니가 돌아가실 때 생모는 무속인이고 3살 많은 형이 하나 있다고 원래 집은 충주역 앞이라는 말씀만 남기셨어요."

상우는 머리카락이 곤두서는 느낌이 들었으나 태경이가 자신의 동생 상룡이라고는 도저히 믿지 않았다. 어떻게 죽은 동생이 자신의 눈앞에서 살아 있단 말인가?

"그러면 혹시 키워 주신 어머님이 어떻게 태경 씨를 처음 만났는지 얘기해 주셨나요?"
"예. 제가 어릴 적에 열병으로 의식을 잃었을 때 생모가 죽은 줄 알고 작은 돌무덤에 묻은 걸 어머니가 무덤을 파헤치고 저를 동굴 움막으로 데리고 와서 살리셨어요."

상우는 머리가 지끈거리고 눈앞이 노랗게 변했다. 분명 자신의 눈앞에 서 있는 태경이는 어린 시절 돌무덤에 묻힌 가여운 동생 상룡이었다. 겨우 정신을 차린 상우는 태경이가 혹시라도 눈치챌까 봐 태연하게 몸조리를 잘하라는 한마디만 남기고 서둘러 자리를 떴다.

그날 저녁 상우는 기쁨과 안타까움으로 밤을 꼬박 샜다. 고향에 계신 어머니께 이 기쁜 사실을 즉시 알려드리고 싶었지만 일단은 알리지 않기로 했다.

일주일 후 상우는 진아에게 태경이가 몸이 좋지 않아 신장 이식을 받아야 살 수 있는 상황임을 설명하고 태경이를 수차례 설득하여 신장 이식 수술을 받게 했다. 물론 상우 자신의 신장을 이식시켜 준 것이다. 상우, 태경 두 사람이 병원에 나란히 누워 눈을 떴을 때는 10월 21일 아침 병실 바깥세상에서는 성수 대교가 무너지는 엄청난 일이 벌어지고 있었다. 상우는 손을 뻗어 태경이의 얼굴을 살며시 만져 보았다. 태경이의 눈에 눈물이 말라 있었다. 상우는 자신도 모르게 가슴이 먹먹해짐을 느꼈다.

한 달 후 늦은 밤 청춘열차에는 태경이와 진아 그리고 상우가 나란히 앉아 소주잔을 기울이고 있었다.
"고맙습니다. 상우 형님. 이 은혜를 어떻게 갚아야 할지?"
"몸조리 잘하고 너무 무리하지 말아요. 태경 씨! 돈 버는 것도 중요하지만 건강이 제일 중요한 거야."
"그래 오빠, 무리하지 말고 한 달만이라도 푹 쉬자."
진아의 말에 태경은 고개를 끄덕이며 상우에게 목례를 했다.

3장. 상처

태경이가 무사히 수술을 끝내고 점차 건강을 회복하게 될 무렵 상우는 고향에 계신 어머니(예화)를 찾았다. 오랜만에 만나는 어머니의 모습은 많이 늙고 야위어 보였다. 어머니의 두 손을 꼭 쥐고 떨리는 음성으로 입을 열었다.
"어머니! 제 말 잘 들으시고 놀라지 마세요. 상룡이가! 제 동생 상룡이가 서울에 살아 있습니다."
"뭐라고? 그게 무슨 말도 안 되는 소리냐? 너 어디 아프니?"
"진정하시고 제 말 좀 들어 보세요. 상룡이가 4살 때 열병 때문에 의식을 잃은 걸 죽은 것으로 알고 돌무덤에 묻은 거예요. 절골 마을 설통바위 동굴 움막에 살고 있던 아줌마가 돌무덤 속에서 상룡이를 꺼내서 9살 때까지 키우고 서울에 자식 없는 집에 양자로 보냈던 겁니다."
"어떻게 그런 일이! 그러면 내가 살아 있는 상룡이를 묻어 버렸단 말이냐?"
"자책하지 마세요. 어머니."
상우는 주체할 수 없는 괴로움에 울부짖는 어머니를 꼭 안아 주었다.
"아무 걱정하지 마세요. 어머니. 상룡이는 건강한 청년으로 아주 잘 자랐으니까. 아직 상룡이도 제가 친형이란 사실을 몰라요. 충격받지 않도록 때가 되면 자연스럽게 이야기하려고요."
"그래, 나도 상룡이가 보고 싶어도 참고 기다릴게."
모자는 한동안 아무 말 없이 서로를 바라보았다. 상우는 이번 겨울을 어머니 곁에서 지내기로 했다. 상우는 오랜만에 어머니와 함께하는 생활에 너무 행복했다. 그동안 따스한 겨울을 보내고 95년 2월 졸업과 동시에 서울중앙지방검찰청으로 검사 발령을 받았다.

그동안 태경이는 교사 임용을 앞둔 진아와 결혼을 약속하는 사이로 발전하였고 소연이도 한국가스공사에 우수한 성적으로 입사하였다. 그렇게 1995년의 봄은 따스한 행복의 꽃이 피어나는 듯했다.

그러던 어느 날 상우가 강남에 근거를 둔 전국 최대의 폭력 조직 흑룡파 조직원의 살해 사건을 조사하게 되었다. 폭력 조직 간의 단순한 살인 사건인 줄 알았는데 놀랍게도 정치인들이 깊게 관련된 단서를 포착했다. 흑룡파 보스 이자성이 행동 대장 김영호를 시켜 90년 초반부터 성동구의 옥수동, 금호동, 관악구의 봉천동, 신림동 재개발 추진 과정에서 청부 폭력과 조세 포탈, 시공사 바지 사장을 내세운 돈세탁으로 막대한 부를 축적하였고 그 뒤를 봐 주는 조건으로 국회 의원 이성철과 검찰총장 송채영은 엄청난 뇌물을 받고 살인까지 저지른 것이었다.

그로부터 얼마 후 상우는 국회 의원 이성철이 소연의 아버지란 사실과 자신과 어머니를 비정하게 버린 친부임을 깨닫고 분노와 슬픔, 엄청난 충격으로 몸서리쳤다. 고향에서 상경한 어머니가 통곡을 하며 상우의 손을 잡고 아버지를 용서하라고 했다. 어머니는 그렇게 바보 같은 분이셨다. 한평생 희생과 헌신으로 인간 말종인 남자를 뒷바라지했고 자식인 나를 위해 자신을 내려놓으셨다.

상우는 눈을 들어 하늘을 바라보았다. 끝없이 파란 하늘이 너무도 아름다웠다. 법과 양심 앞에서 만인에게 평등하겠다던 다짐 앞에서 상우는 잠시 망설였지만 그를 용서할 수는 없었다.

아니! 용서하지 않기로 했다. 소연이가 슬퍼하는 모습과 어머니의 눈물 흘리는 모습이 자신의 마음을 한없이 아프게 하더라도 그를 용서할 수는 없었다. 세상의 법과 양심, 그리고 인간이 사는 도리는 같은 무게로 저울 위에 올려져야 하기 때문에…….

상우는 국회 의원 이성철과 검찰총장 송채영을 뇌물 수수와 살인 교사 혐의로 기소했고 6월 29일 삼풍백화점이 무너진 날 두 사람은 구속되었다.

4장. 희망으로 상처를 끌어안다

가을 단풍이 아름답게 물들어 가던 날 오후. 청춘열차에 상우와 태경, 소연과 진아 네 사람이 오랜만에 마주 앉았다. 분위기가 다소 무거워 보였다.
"소연아 너한테 뭐라고 할 말이 없다. 그냥 미안하다는 말밖에는……."
"오빠 잘못 없어요. 우리 그냥 시간에 맡겨요. 지난주에 아빠 면회 갔다 왔거든요. 아빠도 진심으로 뉘우치고 새사람이 되려고 노력하고 있어요."
"고맙다. 다음에 면회 갈 때 같이 갈 수 있겠니? 어머님 모시고 같이 가려고."
"알았어요. 미리 전화 주세요."
옆에 있던 진아가 두 사람의 대화 분위기가 훈훈해지자 농담을 던지기 시작했다.
"소연아 우리 결혼식 선물 뭐 해 줄 거야? 반지 해 줄 거야 아니면 가전제품 해 줄 거야? 우리 크리스마스 날 결혼식인 거 알지?"
"태경 씨 벌써 예식장 예약한 거야?"
상우가 태경이를 물끄러미 바라보며 물었다.
"알아보고 있는 중입니다. 형님."
"어쩐지 요즘 두 사람 얼굴이 점점 이뻐지더라. 나도 다음 주에 어머니 모시고 열흘 정도 가거도로 여행 다녀올 거야. 머리 좀 식히려고."
며칠 후 상우가 가거도로 떠난 후 태경이에게 편지 한 통이 배달되었다.

"사랑하는 나의 동생 상룡(태경)에게!
진아와의 결혼 축하하고 네가 너무도 자랑스럽다.
결혼 선물로 무엇을 해 줄까 많이 생각했는데 아무래도 새로 시작하는 너희에게 현금이 많이 필요할 거 같아서 내가 가진 돈 전부와 어머니께 돈을 빌려 아파트 전세 비용을 마련했다.
지금부터 우리의 이야기를 시작하려고 한다.
네가 눈치챘는지 모르지만 우리가 형제라는 사실과 네가 내 동생이란 사실이 앞으로 우리가 살아갈 삶을 얼마나 아름답게 하는지를……."

행복한 투어리스트

人生은 길지 않은 여행이다
때로는 여행의 목적지보다 여행에서 만나는
멋진 풍경과 감상이 우리를 더욱 설레게 한다
성급한 물질 만능주의와 타인의 어긋난 욕망을 타산지석(他山之石)으로 삼아
건강, 사랑을 실천하며
여기서 우리의 행복을 이야기하자
지금은 人生의 쉼표가 필요한 시간이다
잠시 걸음을 멈추고 당신의 봄날을 즐겨라!

영혼의 실크 로드를 찾아 떠나는
행복한 투어리스트여!

세월

봄비가 눈물처럼 쏟아지던 날
유난히 눈망울이 큰 아이가 태어났다

아이는 글도 배우기 전 향교를 다니며
여드름 많은 소년이 되어 사춘기의 첫사랑을 배웠다
소년은 사회의 부적응 속에 무럭무럭 자라 고민 많고
사려 깊은 청년이 되어 어느 날 자아를 찾겠다고
히말라야로 떠났다
단풍이 진홍색으로 물들어 가던 어느 가을날
고향으로 돌아온 그는 자본주의의 노예처럼 앞만 보고
달리다 보니
어느새 인정 많고 할 일도 많은 불혹의 사내가 되어 있었다
무정한 세월은 또 그렇게 몇 해가 흘러 사내는 서재에 앉아 추억을 쓰고 있다
사내의 옆에는 빛바랜 앨범과 노안 안경이 놓여 있다

붙잡을 수 없는 게 세월이라면
내가 나를 안아 줘야지!

소년의 꿈

이역만리 바다와 맞닿은 호수에서
어릴 적 나를 닮은 소년을 만났다
소년은 배에 올라 관광객들의 심부름을 하며 생계를 이어 간다
부모님은 바닷가에서 풍랑으로 인한 사고로 돌아가시고
다섯 살 때부터 배를 탔다고 했다
가난 때문에 학교에 가지 못하고 독학으로 글을 배우고 있지만
얼굴엔 미소가 떠나지 않는다
꿈이 무엇이냐고 물었더니 배의 주인이 되는 것이라고 한다
부자가 되고 싶냐고 했더니
소년의 대답이 나를 부끄럽게 한다
부자가 되고 싶은 게 아니라 자기와 같은 고아들을 태워 주고
학교에 데려다주기 위해서라고……
어른이 되면 배를 사서 바다로 나가겠다고 한다
소년에게 바다는 부모님을 빼앗아 간 고난이요 또한
꿈이었던 것이다
말없이 어린 소년을 안아 주었다
코끝이 찡해지고 눈가에 이슬이 맺힌다
가난하고 고난에 처한 사람들은 마음속의 별이 더 많이
빛나야만 하나 보다
소년은 이미 알고 있었다

人生에서 가장 중요한 것은
자신을 아름답게 사랑하는 것임을!

안나푸르나

길을 나서기 전 히말라야는 내게 관념과 추상이었다
한 걸음 한 걸음 산을 오르며
눈부신 빛의 향연과 끝없는 설원의 파노라마, 무한 감동의
대자연으로 나를 잊고 다가선다
풍요의 여신을 만나기 위해 시시각각 턱까지 차오르는 숨을 고르며 빈곤한 영혼
을 가다듬는 이 순간
진정 나는 살아 있다

높은 곳을 오르며 낮아지는 법을 깨우치고 도전과 용기 속에 겸손과 자연의 가
르침을 가슴에 새긴다

지나치는 산 사나이가 차 한 잔을 건넨다

神들의 오후!
이곳 안나푸르나에서 內的成長의 생명수를 마신다

행복

살아간다는 것!
살아 있다는 것!
누구나 행복하려 한다 저마다의 기준으로
내가 추구하는 행복은 웃으며 사는 것
그저 웃으며 사는 것이 아니라 여유로운 혹은
아름다운 웃음이다
소크라테스는 말한다
사는 게 중요한 게 아니라 어떻게 아름답게 사느냐가 중요한 거라고
내게 있어 행복은 웃으며 나아가는 것 혹은 삶 자체이다

삶은 무조건 행복해야 한다
즐겁지 않으면 인생이 아니다

소녀

어여쁜 소녀가 나를 찾거든
떠났다고 전해 주오
그녀의 눈에 눈물 고이거든
그도 눈물 흘리며 떠났다고 전해 주오

선홍빛 그리움만 남긴 채……

최고의 인생은 최고의 마음이다

마음이 진정 원하는 삶!
단 한 가지라도 하고 싶은 걸 하라

각자의 마음속에 있는 진짜의 自己人生
마음속에 거리낌 없이 솔직함과 맞닿아 있는 곳!
그곳에서 행복은 시작된다
황금과 권력으로 쌓은 욕망의 바벨탑을 부러워할 필요도 없고
자신의 가난과 시련을 자책할 시간도 주지 말자!

인생은 한바탕 놀고 가는 짧은 여행이다
기왕의 짧은 여행이라면 즐겁고 행복해야 하지 않을까?

희망은 믿는 자의 편이고
인생은 꿈꾸는 자의 것이다

epilogue

필자는 대학 1학년 때 시인으로 데뷔해서 글을 쓴 지도 30년 세월이 흘렀다.
글을 쓰는 세월이 깊어 갈수록 나의 삶은 단순해진다.
조그만 농막에서 글을 쓰며 귀촌을 준비하고 있다.
한적한 산골 마을에 조그만 집을 마련하여 주말이면 텃밭도 가꾸고 여기저기 잡초도 뽑으며 노을이 질 무렵이면 막걸리도 한잔하면서 글을 쓴다.
산골 집에는 이상명의 행복 텃밭이라고 조그만 간판도 만들었다.
마음이 편해지고 행복감이 밀려오는 순간이다.

인문학 강의 시간에 수강생들이 필자에게 묻는다
당신의 삶이 성공적이었냐고?
필자는 다음과 같이 대답한다.
나는 스스로 나의 삶이 성공했다고 생각한 적이 한 번도 없을 뿐 아니라 실패를 많이 한 人生이었다.

하지만 나는 가장 행복한 삶을 살고 있다. 세상 그 무엇도 부럽지 않은….

필자는 타고난 가난, 실패한 고시생, 가슴 아픈 사랑, 주식 및 자영업 실패로 빚더미, 사회 부적응으로 인한 다섯 번의 사표, 산악인으로서의 목숨을 건 도전 등 주로 실패의 연속을 살아왔다.
하지만 끊임없이 도전했고 극복하며 나의 길을 걸어왔다.
작가로서의 나의 삶의 소명은 누군가의 꿈을 응원하고 희망을 쓰는 것이다. 그리고 스스로 행복한 나를 찾는 것이다.

인생에서 가장 중요한 일은 자신에게서 행복을 발견하는 일이다.

삶은 순간을 아름답게 마주하는 시간이다.

이 책을 읽는 모든 독자가 눈앞에 다가선 수많은 현실의 장애물을 웃으며 극복한다는 마음으로 살기를 기원한다.

석양이 질 무렵 당신은 행복한가?